施工组织设计实训系列教程

施工平面图设计软件实训教程

主　编：吴承霞　王全杰
副主编：李秀芳　谢志秦　王　玲
参　编：李国昌　尚文勇　涂劲松
王友国　伊安海　张劲松

中国建材工业出版社

图书在版编目（CIP）数据

施工平面图设计软件实训教程／吴承霞，王全杰主编.—北京：中国建材工业出版社，2013.10

（施工组织设计实训系列教程）

ISBN 978-7-5160-0195-0

Ⅰ.①施… Ⅱ.①吴… ②王… Ⅲ.①工程施工—平面图—设计—教材 Ⅳ.①TU71

中国版本图书馆CIP数据核字（2013）第084464号

内容简介

本书以实训的方式讲解了施工组织设计编制中施工平面图的布置方法，并结合实例，让学生动手练习。课程分为施工平面图设计方法学习、施工平面图设计实战、施工平面图软件学习与应用、从理论方法到信息化解决手段，系统讲解了施工平面图编制的学习。

本书可以作为大专院校工程管理、土木工程、工程造价、施工技术、工程监理等相关专业的实训教材，亦可作为广大工程技术相关人员学习的参考用书。

施工平面图设计软件实训教程

主　　编：吴承霞　王全杰

副 主 编：李秀芳　谢志秦　王　玲

出版发行：中国建材工业出版社

地　　址：北京市西城区车公庄大街6号

邮　　编：100044

经　　销：全国各地新华书店

印　　刷：北京雁林吉兆印刷有限公司

开　　本：787mm×1092mm　1/16

印　　张：10.5　插页　6

字　　数：256千字

版　　次：2013年10月第1版

印　　次：2013年10月第1次

定　　价：34.00元

本社网址：www.jccbs.com.cn

本书如出现印装质量问题，由我社营销部负责调换。联系电话：（010）88386906

编审委员会

前　　言

本书为土建类相关专业施工管理系列实训教材之一，是根据高等教育工程管理、工程造价、建筑工程技术等专业对计算机辅助造价工作应用能力的要求，按照现行的广联达软件股份有限公司广联达梦龙子公司的标王版施工平面图设计系统软件编制。本书具有如下特点：

（1）满足学生就业需要。本教材以就业岗位的技能要求为导向，增强在校生的就业竞争力；

（2）提升学生学习兴趣。有别于理论课程教材偏重知识传授的特点，注重理论与实际业务的结合，让学生在体验中提升学习兴趣；

（3）倡导学生轻松学习。本教程精选工程实例，透过案例讲解软件应用和相关知识点，讲练结合，边练边学，让学生轻松学习，教师愉快教学。

本书既可作为梦龙施工平面图设计系统软件应用教程，也可作为工程造价人员学习施工平面图设计系统的参考用书。

本教程在编制过程中，得到了广州番禺职业技术学院叶雯老师、华北科技学院卫赵斌老师、武汉工业学院工商学院张西平老师的大力支持，在课程开发思路与编制方法上，提供了很好的建议，在此表示感谢。同时，对广联达工程教育事业部全体人员的关心和支持，表示真挚的感谢。

由于编者水平有限，书中错误和不妥之处在所难免，敬请读者指正。为了大家能够更好的使用本系列教程，教材及软件应用问题反馈至 wangqj@ glodon. com；经验交流：QQ 群 227014060。

编者

2013 年 6 月

中国建材工业出版社
China Building Materials Press

课程介绍

概况

建设工程系列实训课程是广联达软件技术股份有限公司为建筑类院校专门开发的，以提升职业技能，促进就业为目的实战课程。

理论知识以够用为原则，根据业务工作的需要，对理论知识进行抽取。理论知识部分的讲解结合实际业务进行分析，让学生从实际业务与案例中进行归纳，从而达到学生透彻理解，并能够将理论知识应用到实际工作。课程注重学生的学用结合，采用启发式、参与式的教学，激发了学生的学习兴趣。

课程采用情景式教学，以真实案例为背景，设计系列情景活动，小组练习，辅助讨论。课程以团队的方式进行，让每一个学生都能够积极参与讨论，通过实际工作中的成功或失败的案例启发学生思考，探索、让学生在了解实际业务的情况下，有目的、有方向的学习，重要知识点结合实例设计小组练习，注重知行统一。课程还突出了团队学习的特点，正如萧伯纳所说“你有一个苹果，我有一个苹果，我们交换一下，一人还是一个苹果；你有一个思想，我有一个思想，我们交换一下，一人就有两个思想。”

课程实战练习，以实际业务工作为蓝本进行设计，强化学生理论知识的实际应用，提升学生的动手能力，解决实际问题的能力，将学生的理论知识转化为职业技能。

课程为学生提供了业界最佳的信息化解决方案，提升了工作效率，增强了学生的就业能力与竞争力；广联达的专业认证体系，有力地证明了学生专业软件的应用能力，也增加了学生的就业资本。

课程简介

建筑施工是一项比较复杂的工作，完成一个工程的施工需要多工种、多单位的协同配合，而且在整个施工活动中，受到周围客观条件的影响因素也很多。为了在保证工期、质量、安全与经济效益的前提下完成工种任务，必须根据拟建工种的特点和建设单位的要求，在对原始资料调查分析的基础上，编制出一份统筹全局、科学安排、能够切实指导工程全部施工活动的科学工作方案，即施工组织设计。施工组织设计是施工准备工作的重要组成部分，是指导建筑施工的技术、经济和管理文件。施工平面图是施工组织设计的图形表现，结合拟建工种不同的施工阶段的要求，按一定的规则而做出的平面和空间的规划。它是一张用于指导拟建工程施工现场布置图。施工平面图布置的合理与否直接关系着现场施工生产是否有条不紊的进行，关系着是否顺利执行施工进度计划，以及劳动生产率和工程成本的高低。随着建筑工程复杂性不断加大，施工企业对施工组织设计越来越重视。在一套完整的施工组织设计中，施工平面图是重要的组成部分，而编制平面图一向费时费事。

本课程是施工组织设计的重要组成部分，是在施工方案与施工进度编制完成之后，依据项目的特点、方案、进度，完成的施工平面图设计并利用软件完成施工平面图的绘制。

本课程目的是培养学生的整理收集问题的能力、分析能力、解决问题能力，通过课程设计让学生掌握施工平面图的基本理论知识，通过场景的模拟让每一个学生参与到具体的施工平面图设计规划上来，通过专题讨论和练习加强学生对知识的应用能力，通过实战练习，保障学生可以全面掌握施工平面图设计的技能。

本课程以广联达研发大厦为案例，涉及 26 个知识点、5 个活动、15 个练习。

本课程分为三部分：

1. 施工平面图相关理论知识学习；

2. 施工平面设计实战；

3. 施工平面图软件的学习与应用。

课程特色

本课程以实例化、信息化、团队化为特色。实例化是指本课程始终围绕一个或多个工程案例进行理论知识学习，将理论知识的应用充分与业务实际结合，提高学生的学习兴趣，通过实战达到学生的知行统一；信息化是指针对不同业务为学生提供业界优秀的信息化解决方案，提升学生的职业技能；团队化是指以小组为单位进行学习，通过课程的设计达到启发学生思考的目的，充分进行小组讨论，积极参与到活动中，增强学生学习主动性，增大学生学习的深度。

单元划分

第 1 单元　课程介绍

第 2 单元　施工平面图设计方法学习

第 3 单元　施工平面图设计实战

第 4 单元　施工平面图软件学习与应用

学习方式

本课程以实例教学为主，要求学生对案例进行详细阅读，经过认真的思考分析带着问题去学习，才有更大收获。

本课程以团队学习为主，团队成员应积极参与，去体会、去感受，积极表达自己的想法，哪怕是错的，对大家来讲也是个贡献，要认真投入地做好每个活动。

本课程要求学生跟老师同步，踏踏实实地做好每一步。每一步都要求动手去做，这样才能够达到让知识变为技能，让技能变为能力。

培训对象

学习过工程结构、工程施工等相关专业课程，希望能够从事投标或施工项目以及参与施工组织设计的学生。

课程目标

掌握并运用施工平面图设计的基本知识点，依据工程项目实际情况进行施工现场的规划，完成施工平面图设计及说明的编制，并运用施工平面图编制软件完成施工平面图的绘制。

学习成果

顺利完成本课程后，应能够：

✓ 陈述施工平面图的作用

✓ 说明施工平面图的内容与布置原则

✓ 分析施工平面图设计的合理性

✓ 规划塔吊等垂直运输机械的位置

✓ 清楚不同施工布置方案的利弊

✓ 编制施工平面图设计说明

✓ 运用平面图制作软件绘制平面图

教学方法

我们采用综合教学法。课程运用讲课和辅助讨论方法，并辅之以个人、小组练习。后者旨在举例阐明理论及其在实际问题中的应用。

学习计划

<table>
<tr><th>章节名称</th><th>要点</th><th>课时（分钟）</th><th>课次</th></tr>
<tr><td rowspan="2">第 1 单元</td><td>课程介绍</td><td rowspan="2">45</td><td rowspan="4">1</td></tr>
<tr><td>组建团队</td></tr>
<tr><td rowspan="5">第 2 单元</td><td>施工平面图设计方法学习</td><td rowspan="2">45</td></tr>
<tr><td>1. 课程学习目标
2. 看图学习施工平面图的内容
3. 施工平面图设计的基本步骤</td></tr>
<tr><td>1. 了解工程实例的基本信息
2. 学习垂直运输机械</td><td>45</td><td rowspan="2">2</td></tr>
<tr><td>施工现场的临时设施布置原则及合理性分析</td><td>45</td></tr>
<tr><td>施工现场临时用水、用电、消防的管网布置</td><td>45</td><td rowspan="3">3</td></tr>
<tr><td rowspan="5">第 3 单元</td><td>施工平面图设计实战</td><td rowspan="2">45</td></tr>
<tr><td>1. 课程学习目标
2. 施工平面图设计必要输入信息分析
3. 工程实例概况分析</td></tr>
<tr><td>施工平面图布置推演</td><td>45</td><td rowspan="2">4</td></tr>
<tr><td>编制施工平面图编制说明</td><td>45</td></tr>
<tr><td>团队分享</td><td>45</td><td>5</td></tr>
</table>

续表

<table>
<tr><th>章节名称</th><th>要点</th><th>课时（分钟）</th><th>课次</th></tr>
<tr><td rowspan="5">第 4 单元</td><td>软件学习与应用</td><td rowspan="2">45</td><td rowspan="2">5</td></tr>
<tr><td>1. 软件基本介绍与特点
2. 软件主要应用流程学习
3. 软件基本练习一　导底图</td></tr>
<tr><td>1. 软件基本练习二　画线，调属性；
2. 软件基本练习三　布塔吊，规划路</td><td>45</td><td rowspan="2">6</td></tr>
<tr><td>1. 软件基本练习四　提取图例
2. 软件学习应用分享</td><td>45</td></tr>
<tr><td>课外作业：施工平面图设计实战</td><td>90</td><td>7</td></tr>
</table>

目　　录

上篇　施工平面图设计实训及设计案例

下篇　梦龙平面制作系统及编制参考资料

上篇

施工平面图设计实训及设计案例

第1章　施工平面图设计实训

各单元课程时间安排

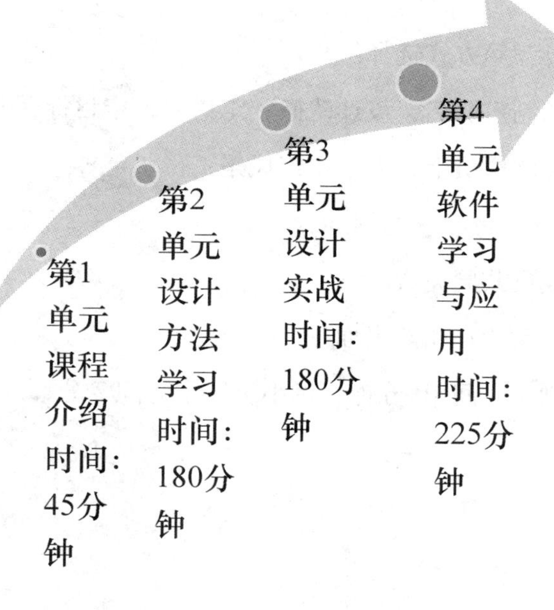

第1单元　课程介绍

本单元课程目标

本课程结束时，你将能够：

- 结合实例说明施工平面设计依据、原则、内容、设计步骤
- 编制施工平面图设计说明
- 分析施工平面图设计的合理性
- 运用施工平面图制作软件绘制施工平面图

活动　建立团队

内容

1. 选组长。组长负责协助老师完成各项活动；负责维持本小组纪律；带领小组成员完成小组目标。

2. 起队名，设计队徽。

3. 定口号。

4. 定目标。制定本小组学习目标。

方式

1. 采取民主、自荐等方式选择组长。

2. 小组成员共同制定队名，设计队徽，定口号，定目标，并写在A4白纸上。

3. 团队展示，团队成员上台展示小组风采。

约束条件

1. 人员：小组成员共同完成。

2. 地点：所有活动均在团队桌面。

3. 时间：小组制作时间10分钟，每小组展示时间2分钟。

学员练习页

学员手册介绍

- 课程介绍
- 课程参考
- 工程实例
- 平面图设计软件备查手册
- 参考资料

第 2 单元　设计方法学习

本单元课程目标

- 描述平面图设计依据
- 解释平面图设计内容
- 讲解平面图设计步骤
- 分析施工平面图设计的合理性

本单元主要内容

- 有关施工平面图

  施工平面图的概念、作用

  施工平面图的内容

  施工平面图的设计依据

  施工平面图的设计原则

  施工平面图的设计步骤

- 以实际案例进行平面图设计方法的学习

  收集原始资料

  垂直运输机械布置

  加工厂、堆场、仓库的布置

  运输道路的布置

  临时设施的布置

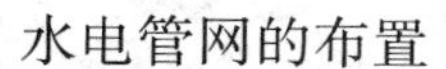

水电管网的布置

施工平面图的概念和作用

■ 概念

施工平面图——是对一个建筑物或构筑物施工现场的平面规划和空间布置图。它是根据工程规模、特点和施工现场的条件，按照一定的设计原则来正确的解决施工期间所需的各种暂设工程和其他设施等同永久性建筑物和拟建建筑物之间的合理位置关系。

■ 作用

1. 是进行施工现场布置的依据，也是施工准备工作的一项重要依据。
2. 是实现文明施工，节约土地，减少临时设施费用的先决条件。

活动一　讨论施工平面布置图上应有哪些元素

内容

团队成员阅读苹果园平面布置图，水清木华园平面布置图，泰安公安局大楼平面布置图。通过对这 3 张平面图的阅读，分析总结得出平面布置图上一般应绘制哪些元素。

目的

使学员掌握平面图上所绘制的内容；

通过对不同平面图的阅读，对平面图有整体的认识和了解。

方式

1. 阅读 3 张平面图。
2. 团队总结每一张图上有哪些内容。
3. 团队讨论，对所有内容进行简单分类。
4. 将最后结果呈现在学员练习页上。
5. 选派一名代表进行结果分享。

约束条件

1. 人员：你的团队成员需要分工协作，必要时向教师提问。

2. 地点：所有活动均在团队桌面。

3. 时间：每个团队有 10 分钟做整个练习并在练习册上得出结论；老师有 5 分钟时间让小组团队发言并总结。

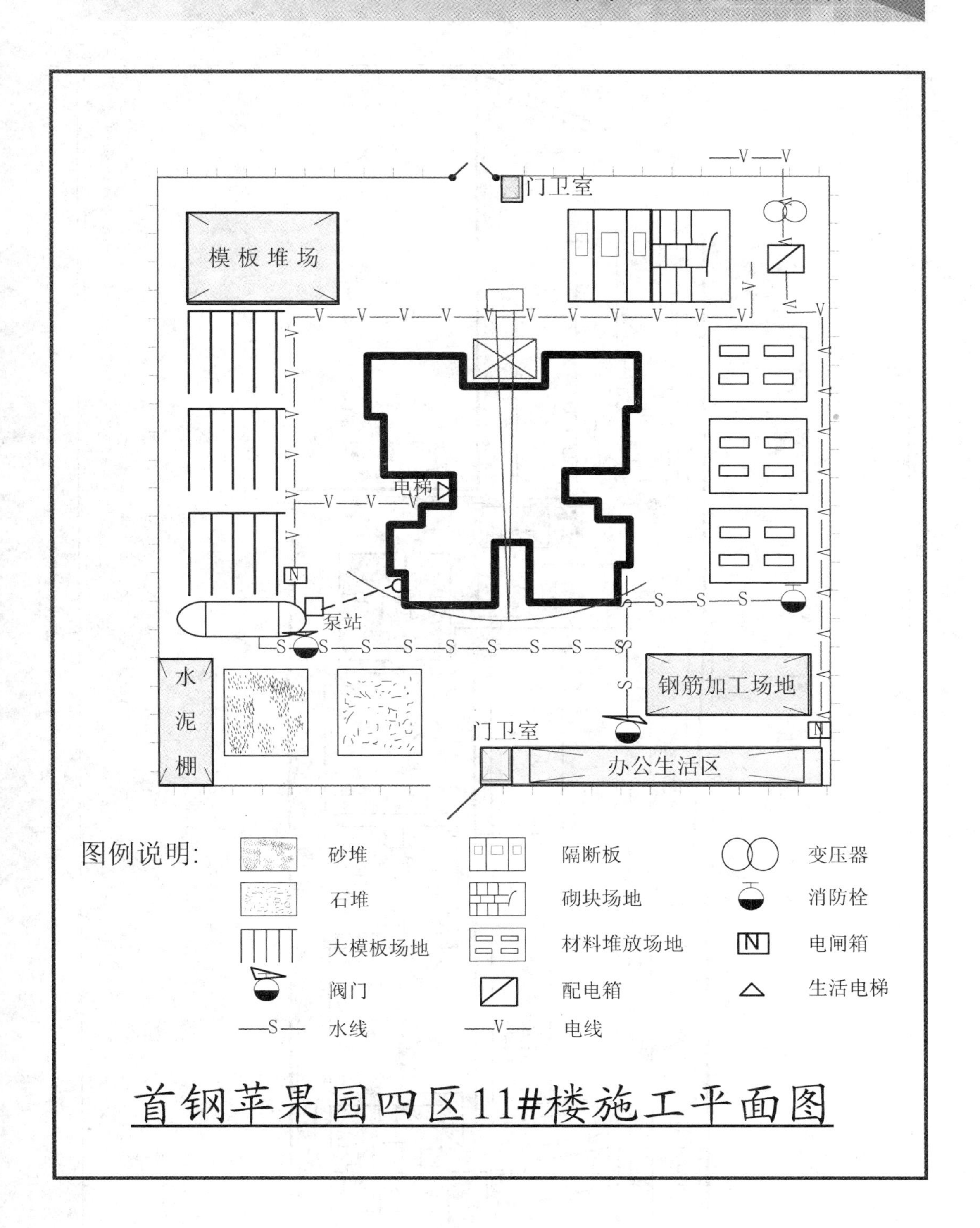
门卫室
模板堆场
电梯
泵站
水泥棚
钢筋加工场地
门卫室
办公生活区
图例说明:
砂堆
石堆
大模板场地
阀门
水线
隔断板
砌块场地
材料堆放场地
配电箱
电线
变压器
消防栓
电闸箱
生活电梯
首钢苹果园四区11#楼施工平面图

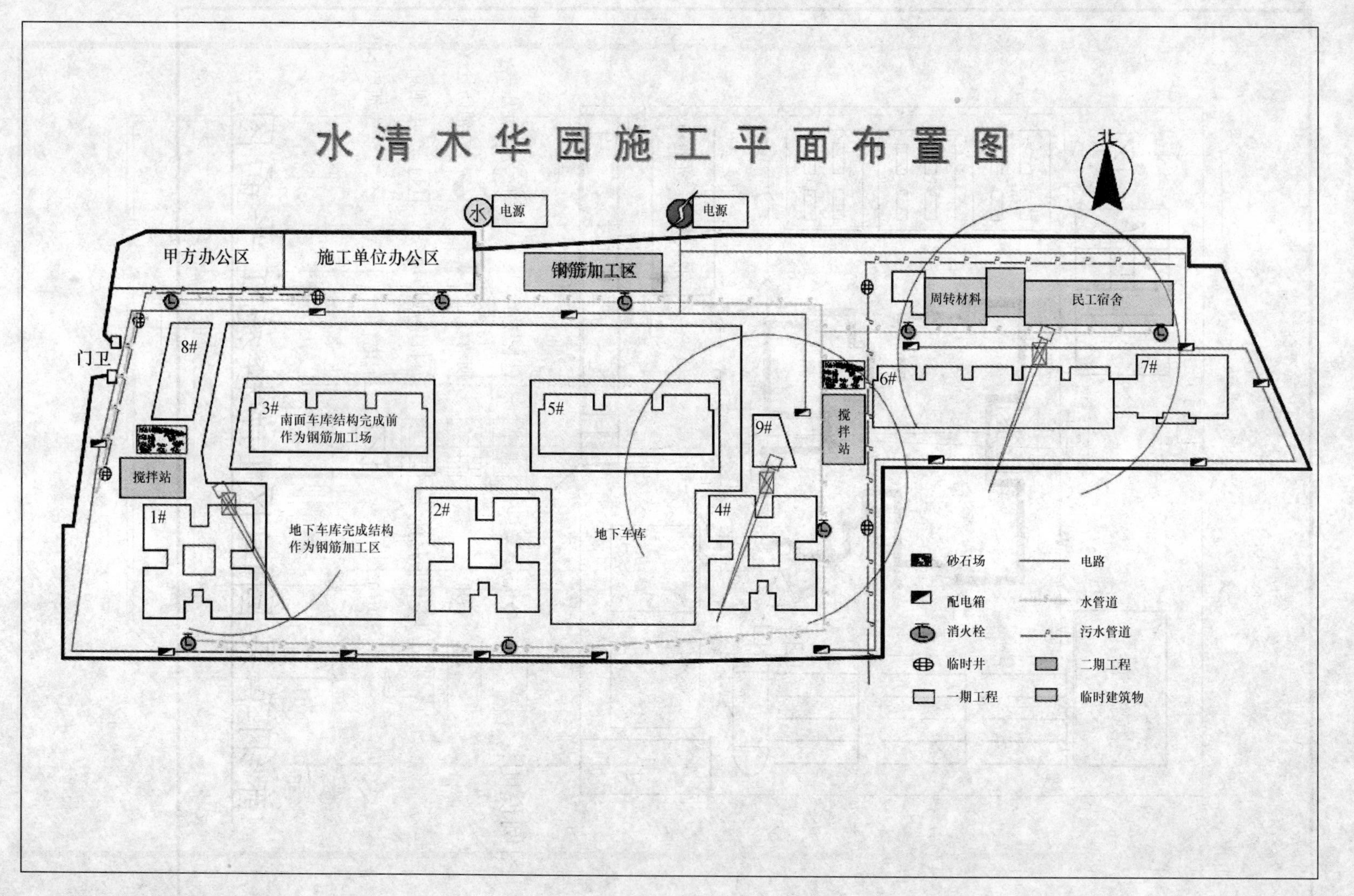
水清木华园施工平面布置图
北
水
电源
电源
甲方办公区
施工单位办公区
钢筋加工区
周转材料
民工宿舍
门卫
8#
3#
南面车库结构完成前
作为钢筋加工场
5#
9#
搅拌站
6#
7#
搅拌站
1#
地下车库完成结构
作为钢筋加工区
2#
地下车库
4#
砂石场
电路
配电箱
水管道
消火栓
污水管道
临时井
二期工程
一期工程
临时建筑物

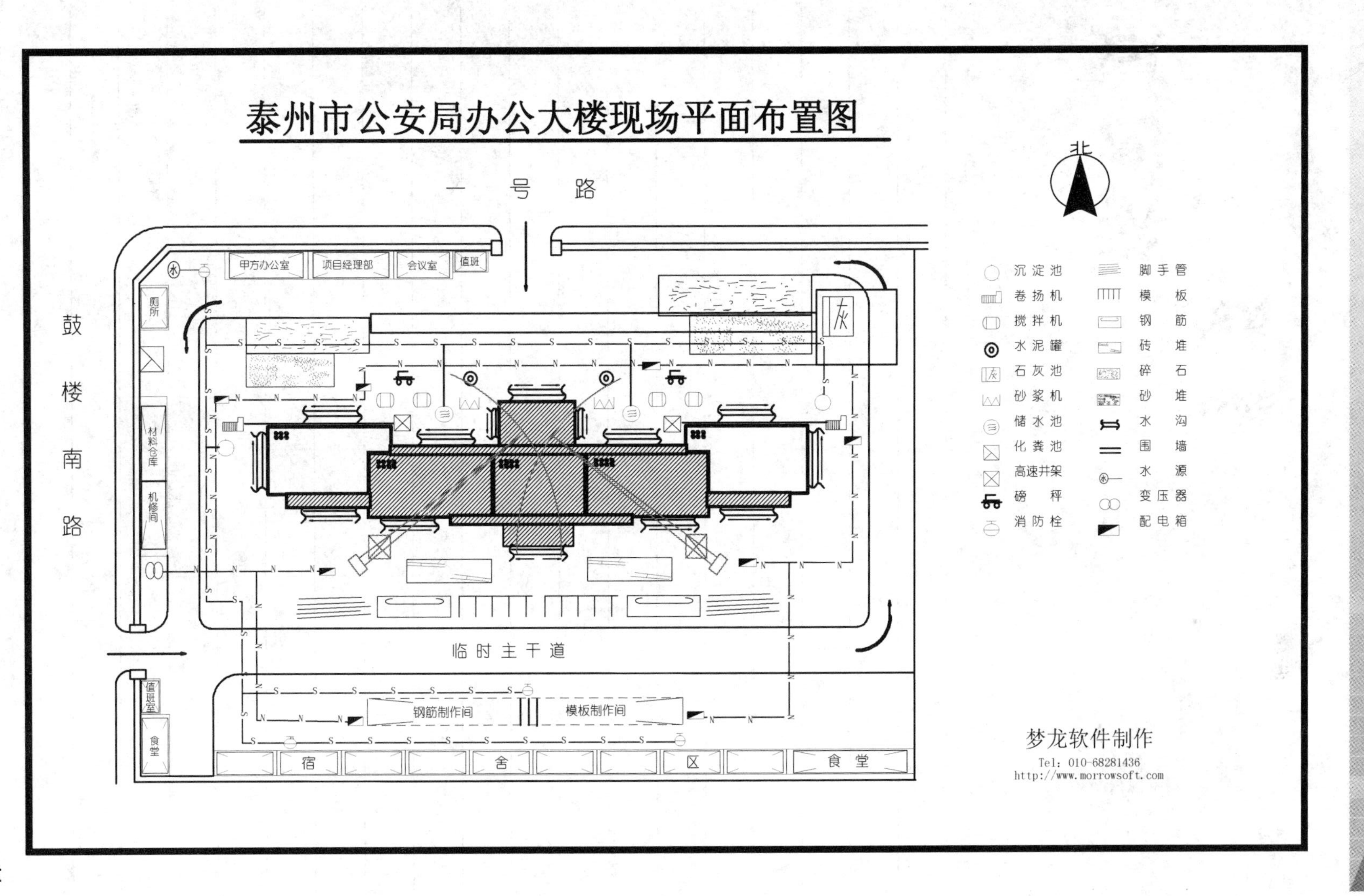
泰州市公安局办公大楼现场平面布置图
一号路
鼓楼南路
临时主干道
甲方办公室
项目经理部
会议室
值班
厕所
材料仓库
机修间
值班室
食堂
宿舍区
食堂
钢筋制作间
模板制作间
灰
北
沉淀池
卷扬机
搅拌机
水泥罐
石灰池
砂浆机
储水池
化粪池
高速井架
磅秤
消防栓
脚手管
模板
钢筋
砖堆
碎石
砂堆
水沟
围墙
水源
变压器
配电箱
梦龙软件制作
Tel: 010-68281436
http://www.morrowsoft.com

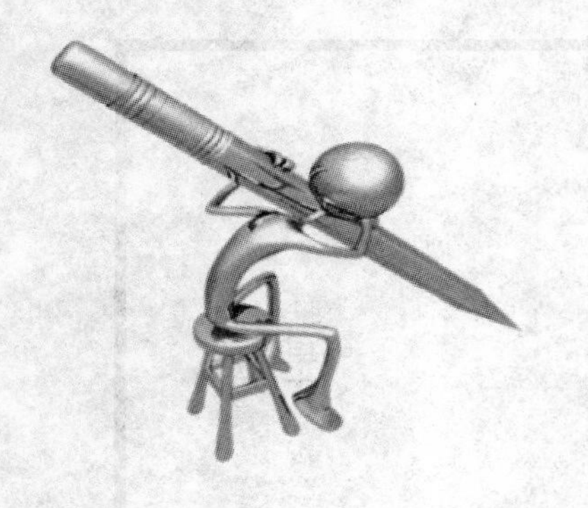

学员练习页

施工平面图的内容

- 在施工区域内，地下及地上已建和拟建的一切房屋、构筑物以及其他设施的位置和尺寸
- 拟建工程所需要的起重和垂直运输机械、卷扬机、搅拌机等的布置及主要尺寸选取；起重机的开行路线及垂直运输设施的位置
- 材料、加工半成品、构件和机具的仓库或堆场
- 生产和生活性临时设施的布置
- 场内施工道路和场外道路交通的连接
- 临时给排水管线、供电管线、供气供暖管道及通信线路布置；现场排水，沟渠及排水方向
- 一切安全和防火设施的位置
- 必要的图例、比例尺、风向及方向标记

施工平面图的设计依据

- 原始资料
  - 自然条件调查资料
  - 技术经济调查资料
- 设计资料
  - 建筑总平面图
  - 已有和拟建的地下和地上管道位置
  - 区域的竖向设计和土方平衡图
  - 施工项目的有关施工图设计资料
- 施工资料
  - 工程施工进度计划
  - 施工方案
  - 材料、构件、半成品等需要量计划

施工平面图的设计原则

- 在保证施工顺利进行的前提下，现场布置尽量紧凑，节约用地

■ 合理布置道路、堆场、加工厂、仓库位置，尽量使运距最短，从而减少二次搬运

■ 力争减少临时设施数量，降低临时设施费用

■ 临设的布置尽量便利工人的生产和生活

■ 符合环保、安全和防火要求

技术经济指标

■ 施工用地面积

■ 施工场地利用率

■ 场内运输道路总长度

■ 临时管线总长度

■ 临时房屋面积

■ 符合技术安全、防火要求

施工平面图的设计步骤

请将自己认为正确的操作步骤填写在方框内：

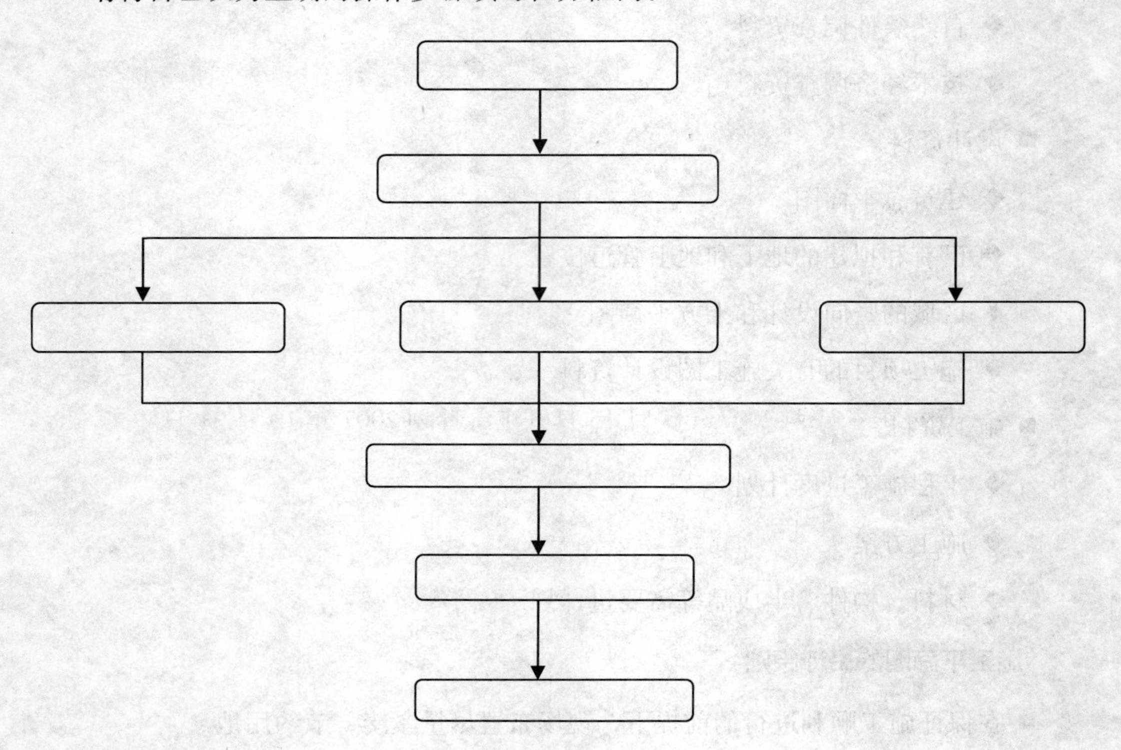

案例工程——广联达研发大厦

工程概况

- 工程名称：广联达软件园研发楼工程
- 工程地点：北京市海淀区东北旺乡中关村软件园 D-R14 号地西侧地
- 招标单位：北京广联达软件技术有限公司
- 设计单位：北京 ×× 建筑设计工程有限责任公司
- 工程规模：总建筑面积 11250 平方米
- 工程性质：乙类公共建筑
- 质量标准：合格
- 工期要求：计划 2007 年 3 月 15 日开工，计划 2007 年 10 月 31 日竣工
- 资金来源：自筹，资金已到位
- 建筑结构形式：现浇框架结构
- 建筑层数、高度：地上三层、地下一层、建筑高度 13 米

收集实例基础数据

- 招标文件

■ 工程概况

■ 现场条件

■ 主要施工方法

■ 项目资料需用计划

活动二　垂直机械的种类

内容

在此练习中，你的团队将根据自己团队成员所见到过的垂直机械进行讨论，并将讨论结果写在学员练习页上

目的

此练习的目的是，加强学员对垂直机械的记忆，调动学员的课堂情绪。

方式

由老师抛出具体问题：大家见过的垂直机械有哪些？在确认到开始之后，在限定时间内，知道的学员可以站起来分享。

约束条件

1. 人员：你的团队成员。

2. 地点：团队成员自己的位置上。

3. 时间：5 分钟，其中活动时间 3 分钟，展示结果 2 分钟。

备注

只要答对即可得分

学员练习页

垂直运输机械布置

垂直运输机械分类

- 塔式起重机（塔吊）
- 井架、龙门架等固定式垂直运输机械
- 外用施工电梯
- 混凝土泵和泵车
- 吊篮

塔吊布置注意事项

- 塔吊最好覆盖整个建筑物，最好没有盲点；有盲点时，要采取其他措施，例如二次小推车运输
- 要覆盖钢筋料场和模板堆放区
- 离建筑物不能大于 3 米
- 要考虑拆装方便
- 群塔作业要注意相互间的回转半径，回转区域及高度
- 临近道路或人行道、高压线，在塔吊活动范围内都要采取安全保护措施（如塔吊保护架、双层护道棚）

混凝土泵或泵车位置的选择

- 力求距离浇筑地点近
- 多台混凝土泵或泵车同时浇筑时，选定的位置要使其各自承担的浇筑量接近，最好能同时浇筑完毕
- 混凝土泵或泵车的停放地点要有足够的场地
- 停放位置最好接近供水和排水设施

活动三　分析实例——垂直运输机械位置的合理性

内容

本实例是一家知名建筑公司编制的施工组织设计，用于投标阶段，编写的内容比较全面，但并不一定是最好的，你可以根据你所了解到的工程情况提出自己的方

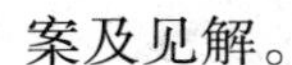

案及见解。

实例中依据工程概况、方案、施工进度配置了相应的垂直运输机械，包括机械的型号、位置、进场时机。

请查找实例中垂直运输机械，并从型号、位置、进场时机及主要用途几个方面分析其合理性。

目的

使学员掌握如何获得垂直运输机械的相应资料；结合施工与进度了解各阶段的差异，并分析机械的用途；结合垂直运输机械布置的原则，能够分析实例中所涉及垂直运输机械的合理性。

方式

1. 查看《施工总平面图》，分析周边的情况，看周边的已有建筑是否对拟建工程存在影响。

2. 阅读工程概况，项目资源计划及施工方案相关内容。

3. 阅读案例中有关垂直运输机械的内容。

4. 列出所需要机械的类型，并写在练习册上。

5. 分析施工机械的进场时机与用途。

6. 选出一名成员汇总，并分享本团队的分析成果。

约束条件

1. 人员：你的团队成员需要分工协作，必要时可向教师提问。

2. 地点：所有活动均在团队桌面。

3. 时间：你的团队有 5 分钟做整个练习，并在练习页上得出结论。然后每个团队向班上学员简单介绍他们的讨论成果。

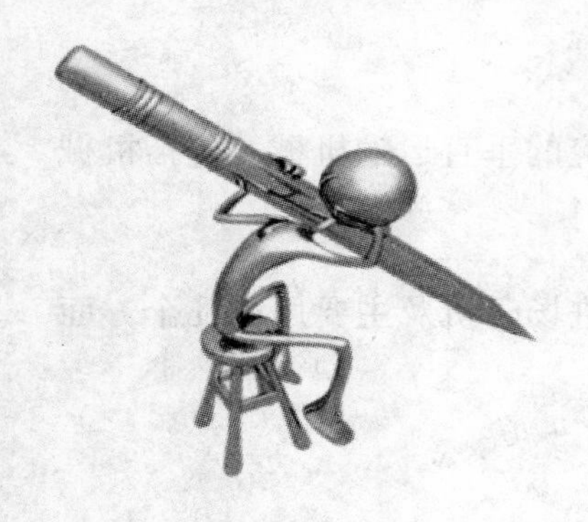

学员练习页

加工厂的布置

加工厂的类型

- 钢筋加工厂
- 木材加工厂
- 金属结构、机电加工厂
- 搅拌站（混凝土、砂浆）

加工厂布置原则

- 各种加工厂的布置，应以方便使用、安全防火、运输费用最少和不影响建筑安装工程正常施工为原则，并将有关联的加工厂适当集中。

搅拌站布置

- 搅拌站应有后上料场地，应当综合考虑砂石堆场和水泥库的设置位置，既要相互靠近又要便于材料的运输和装卸。
- 搅拌站应当尽可能设置在垂直运输机械附近，在塔式起重机吊运半径内；尽可能减少混凝土、砂浆水平运输距离。采用塔式起重机吊运时，应当留有起吊空间，使吊斗能方便地从出料口直接挂钩起吊和放下；采用小车、翻斗车运输时，应当设置在道路旁，以方便运输。
- 搅拌站场地四周应当设置沉淀池和排水沟。
- 搅拌站应当搭设搅拌棚，挂设搅拌安全操作规程和相应的警示标志、混凝土配合比牌，采取防止扬尘措施，冬期施工还应考虑保温和供热等。

仓库、材料堆场布置原则

- 运输方便
- 位置适中
- 运距较短并且安全防火

活动四　分析实例——加工厂、堆场、仓库布置的合理性

内容

1. 查找实例中有几个加工厂和堆场。

2. 对实例中的布置方案的合理性进行分析。

目的

充分理解案例，通过分析案例中的加工厂、堆场的布置掌握其布置原则。

方式

1. 团队查看实例，进行讨论。

2. 首先分析出案例中都布置了哪些加工厂、堆场、仓库。

3. 然后分析其布置是否合理。

4. 最后将团队经过讨论得出的最后结果写在学员练习页上。

约束条件

1. 人员：你的团队成员需要集中讨论，必要时可向教师提问。

2. 地点：所有活动均在团队桌面。

3. 时间：你的团队有 10 分钟做整个练习，并在学员练习页上得出结论。然后，每个团队向班上学员简单介绍他们的讨论成果。

学员练习页

运输道路的布置

场内道路布置整体原则

- 合理规划临时道路和地下管网的施工顺序
- 保证运输通畅
- 选择合适的路面结构

临时设施的布置

活动五　临时设施布置

内容

在此练习中，你的团队将根据劳动用工表、房屋面积定额参考指标表，计算出宿舍、办公室、食堂的面积各为多少，并且分析临设的合理性。

目的

此练习的目的是，熟悉临时设施的种类，并掌握根据相关资料确定相应的临设面积的方法。

方式

将提供给团队的参考资料有：临时加工厂所需面积参考指标，现场作业棚所需面积参考指标，计算仓库面积的有关系数，按系数计算仓库面积表，行政、生活福利临时建筑面积参考指标表。各团队根据所得资料计算分析得出其设计的临设面积。然后阅读平面图布置实例，由团队各成员讨论实例中临设布置的合理性，将合理性分析结论呈现在学员练习页上。

约束条件

1. 人员：你的团队成员，必要时可向教师提问。
2. 地点：所有活动均在团队桌面和活动挂图上进行。
3. 时间：你的团队有 15 分钟做整个练习，得出面积结果以及合理性分析结论。

学员练习页

临时设施的类型有哪些

临时设施布置的整体原则

- 生产设施的位置，宜布置在建筑物四周稍远处，且应有一定的材料、成品的堆放场地
- 沥青堆放场地应离开易燃仓库或堆场，并且应该布置在下风侧
- 办公室应靠近施工现场，布置在工地入口处，工人休息处应布置在工人作业区，宿舍应布置在安全的上风侧，收发室应布置在入口处

水电管网的布置

工地供水类型

- 生产用水
- 生活用水
- 消防用水

确定哪几方面的用水量

- 工程施工用水量
- 施工机械用水量
- 施工现场生活用水量
- 生活区生活用水量
- 消防用水量

水网的布置

- 水网的布置形式：环形，枝形，混合式（布置时应力求管网的总长度最短）
- 为了不污染地面水和地下水，应及时修通永久性下水道
- 供水管网应该按防火要求布置室外消火栓，消火栓应沿道路设置，且消火栓周围 3 米以内不准堆放建筑材料

临时供电电源有以下几种技术方案

- 完全由工地附近的电力系统供电，包括在全面开工之前把永久性供电外线工

程做好，设置变电站。

- 供电附近的电力系统仅能供应一部分，工地尚需增设临时电站以补充不足。
- 利用附近的高压电网，申请临时加设配电变压器。
- 工地处于新开发地区，没有电力系统时，完全由自备临时电站供给。

临电的布置需要考虑以下几个方面的问题

- 采用架空配电线路，要求现场架空线与施工建筑物水平距离不小于 10 米，线与地面距离不小于 6 米，跨越建筑物或临时设施时，垂直距离不小于 2.5 米。
- 现场线路应尽量架设在道路的一侧，且尽量保持线路水平。在低压线中，电杆间距应为 25～40 米。
- 如果只有独立的单位工程施工时，根据计算出的现场用电量选用变压器，其位置应远离交通要道处，布置在现场边缘高压线接入处，四周用铁丝网围住。

安全文明施工

- 五牌——工程概况牌，安全纪律牌，防火须知牌，安全无重大事故计时牌，安全生产、文明施工牌。
- 二图——施工平面图、项目经理部组织架构及主要管理人员名单图。
- 除此之外，还要加强环境保护，消防保卫，以及卫生防疫管理工作。

第 3 单元　施工平面图设计实战

本单元课程目标

本课程结束时，你将能够：

- 编制施工平面图设计说明。
- 绘制施工平面图。
- 分析施工平面图布置的合理性。

平面图设计必要的输入

明确平面图设计必需的信息

1. 明确招标文件的相关要求、施工总平面图、地下平面图、地上平面图、标准层平面图、项目概况、周边条件。

2. 施工方案中不同阶段的垂直运输机械及型号。

3. 主要施工方案，钢筋采用现场加工，混凝土采用商品混凝土。

4. 机械与材料用量与进入时间表，确定加工厂与材料堆场。

5. 劳动力计划表，不同阶段用工量。

6. 临时用水和临时用电方案中的用水、用电量与布置要求。

7. 关于安全文明施工措施的要求。

信息来源

■ 实例资料（摘要）

◆ 第一章　招标文件

◆ 第二章　工程概况

◆ 第三章　现场条件

◆ 第四章　项目资源需用计划

◆ 第五章　主要施工方案

■ 平面图说明实例

■ 参考定额及指标

■ 相关法规

活动一　施工平面图设计实战

内容

1. 阅读学员手册中的相关资料；学员也可以查找其他来源的相关资料。

2. 讨论施工平面布置方案，并在底图上进行模拟布置，完成基础、结构、装修三个阶段的施工图平面布置。

3. 编制施工平面设计说明。

4. 施工平面布置方案合理性分析。

方式

1. 阅读相关资料进行小组讨论，确定影响施工平面布置的相关内容。

2. 在领取的施工平面图底图上用标签纸模拟摆放施工机械及道路、加工厂等元素。

3. 根据讨论好的方案编制施工平面设计说明。

4. 每小组推荐代表对施工平面图布置方案的合理性进行分析。

约束条件

1. 人员：小组成员共同完成，不明确的内容可以同教师进行交流。

2. 地点：所有活动均在团队桌面。

3. 时间：编制时间：90 分钟；分享时间：15 分钟/小组。

活动二 建议

教师进行合理性分析应按以下要点进行：

- 塔吊布置合理性
- 加工厂布置合理性
- 堆场布置合理性
- 道路布置合理性
- 办公、生活临设布置与设置合理性
- 临水临电方案合理性
- 安全文明施工措施合理性

教师点评时，重点在内容的全面性上，有没有缺项，方案只要能说明道理即视为合理。在进行评分时，可以采用各小组给其他组进行评分，占 60%，教师评分占 40%。

第 4 单元 平面图软件操作

1 平面图制作软件的概述

■ 平面制作系统，是用于项目招投标和施工组织设计绘图的专业软件，可帮助工程技术人员快速、准确、美观地绘制施工现场平面布置图，并可作为一般的图形编辑器。

2 平面图制作软件的价值

■ 随着企业参加竞标次数的增多，招投标的时间也随之紧迫，快速制作一套理想的标书已成为必然。那么应用本软件将会使标书的准备工作变得越来越轻松，从而提高办公效率、节省时间，为中标打下良好的基础，也为今后的施工管理提供方便。

2.1 练习一 导底图

2.1.1 设置属性

左键双击施工平面图布置软件图标 梦龙施工平面布置系统，进入平面图制作软件界面，如图 1-1 所示。

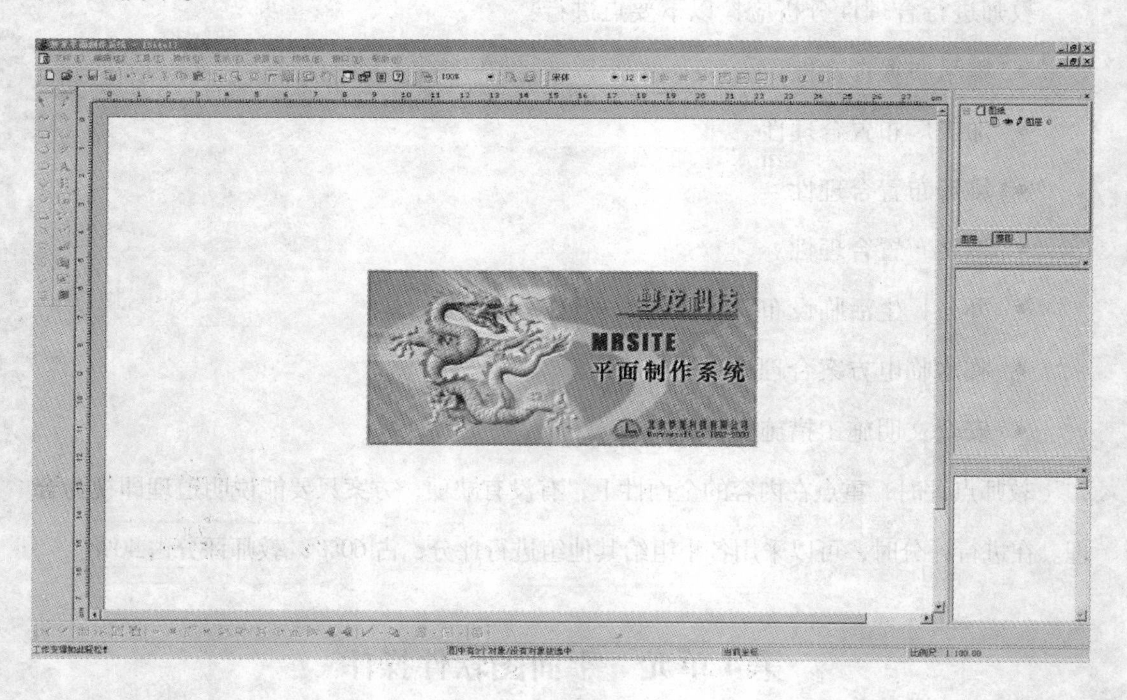

图 1-1

点击“设置”，选择图纸属性，如图 1-2 所示。

弹出“图纸设置”对话框，修改图纸属性，如图 1-3 所示。

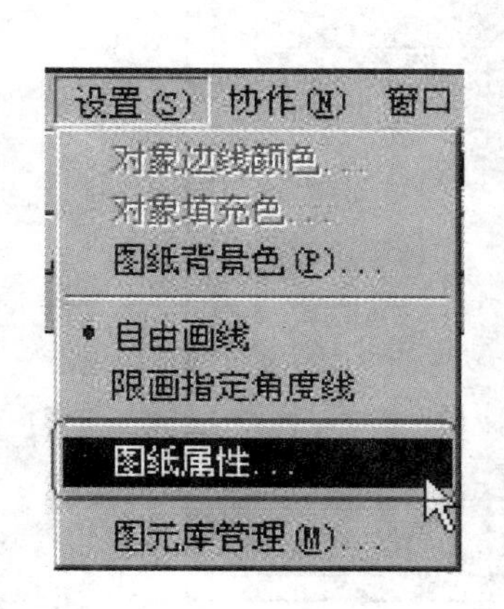

图 1-2

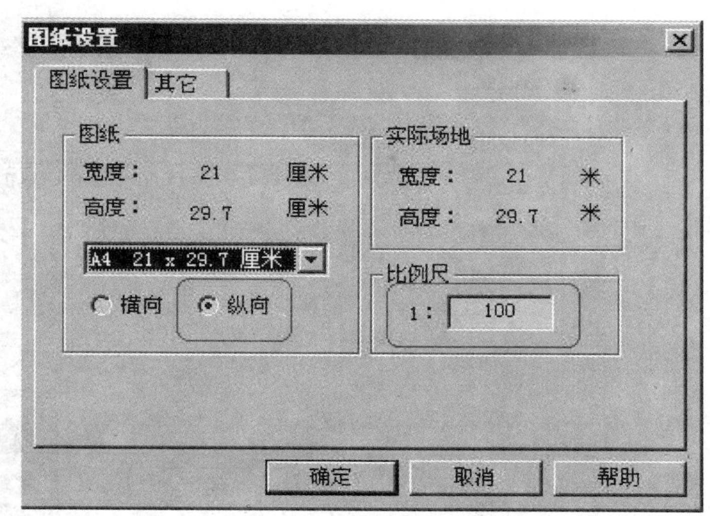

图 1-3

点击【确定】，完成图纸属性的设置。

2.1.2　导入底图

左键单击左侧图像工具，如图 1-4 所示。

在软件画图界面空白处拉框选择，进入“图像属性”界面，如图 1-5 所示。

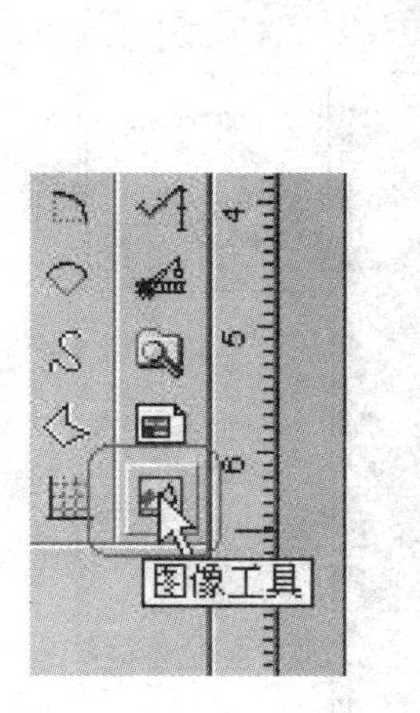

图 1-4

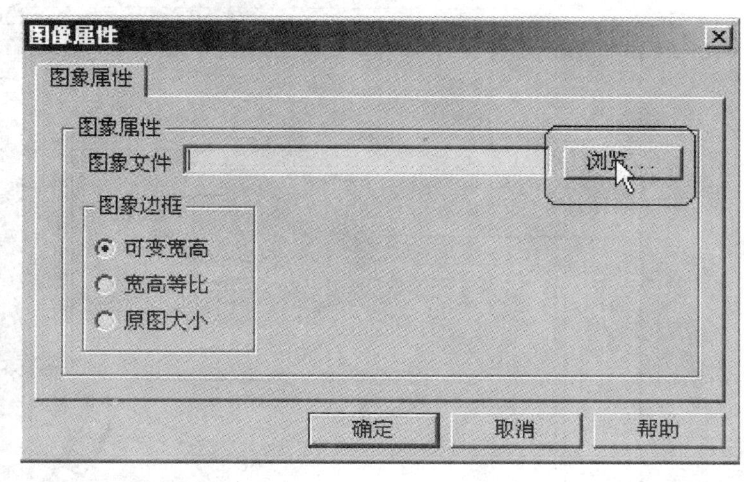

图 1-5

单击【浏览】，选择“附录一　工程现场平面布置图 6-2-1”选择图像边框为“宽高等比”，如图 1-6 所示。

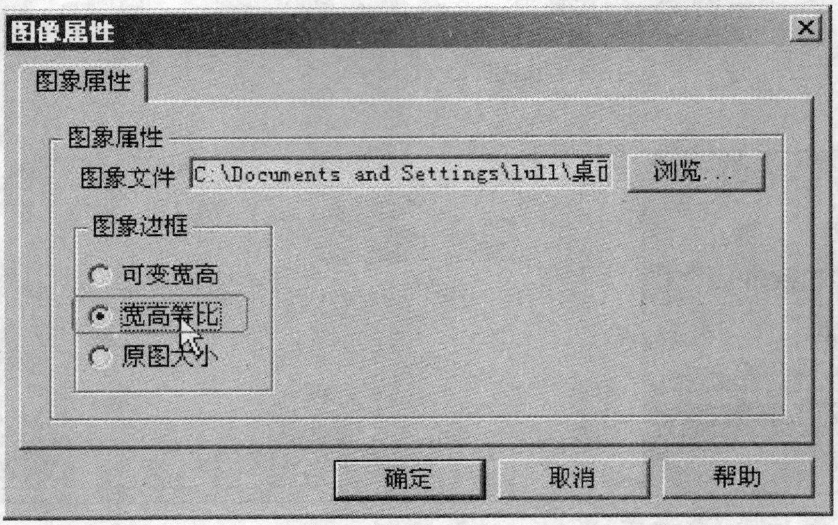

图像属性
图象属性
图象属性
图象文件 C:\Documents and Settings\lull\桌面
浏览...
图象边框
可变宽高
宽高等比
原图大小
确定 取消 帮助

图 1-6

然后单击【确定】，返回到绘图界面，“附录一　工程现场平面布置图 6-2-1”插入到软件中，如图 1-7 所示。

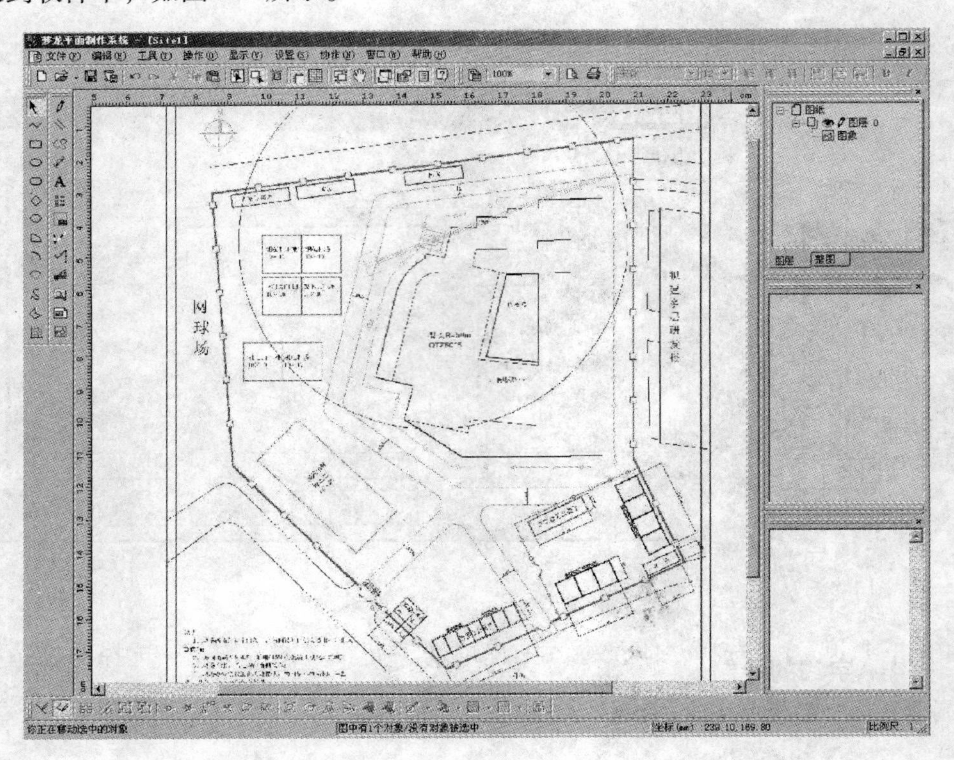

图 1-7

2.1.3　锁定图层

修改图 1-8 图层属性栏中的图层名称，改为【底层】，然后单击【锁定】功能键，把底图改为不可编辑，如图 1-8 所示。

点击【图纸】，单击右键，选择【新建图层】，如图 1-9 所示。

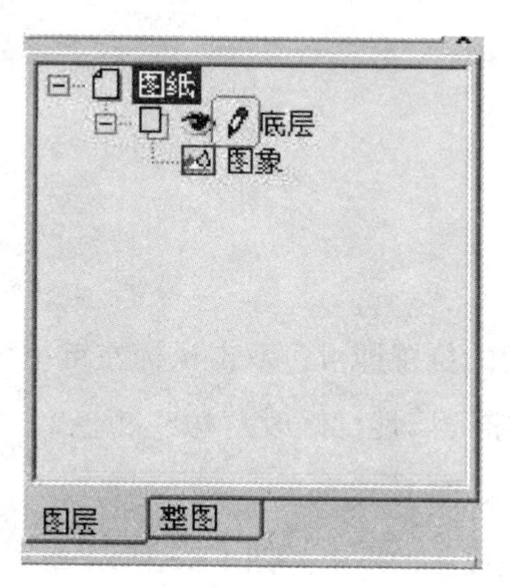

图 1-8

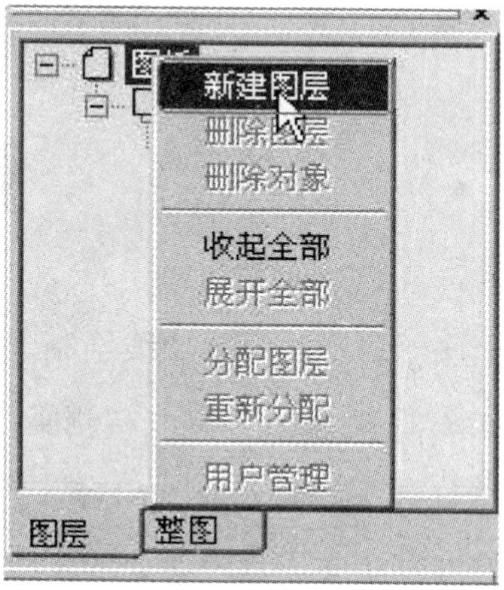

图 1-9

点击【图层 1】，画图准备工作完成。

完成了底图的操作，接下来我们进行平面图的绘制，因为我们第一次接触软件，所以我们只需要完成底图的描图即可，同时了解软件各个功能的使用方法以及操作过程。

■ 观看练习一视频 2 分钟

■ 按教材 2.1 的步骤，完成练习一

■ 编制时间：13 分钟

■ 涉及功能：

1. 图纸属性设置；
2. 比例尺设置；
3. 底图导入及设置。

2.2　练习二　画线，调属性

2.2.1　字线的绘制

字线的绘制方法：先将鼠标移到所绘字线的起点处，单击鼠标左键，然后在字线经过处依次单击鼠标，即可产生一条连续的字线。

查看底图“附录一　工程现场平面布置图6-2-1”，可以看到有三处构件可以用字线来绘制，接下来我们进行外围外墙的绘制，点击界面左侧工具栏中的【字线工具】，如图1-10所示。

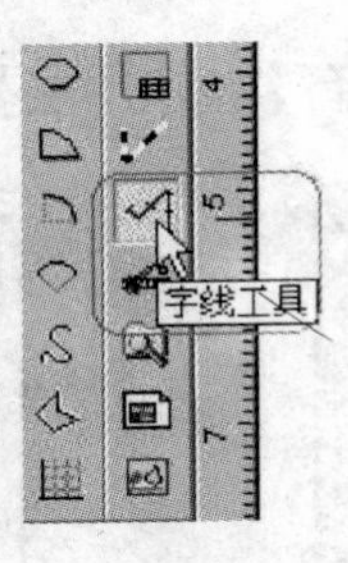

图1-10

根据底图所示，沿围墙线绘制，留出大门的位置即可，双击鼠标左键结束，画完图形如图1-11所示，修改右侧属性栏中的字线属性，修改“边线颜色”、“字符颜色”为红色，修改“字的内容”为“□”，如图1-12所示。

用相同方法完成其他两处的字线构件，完成后的图形如图1-13所示。

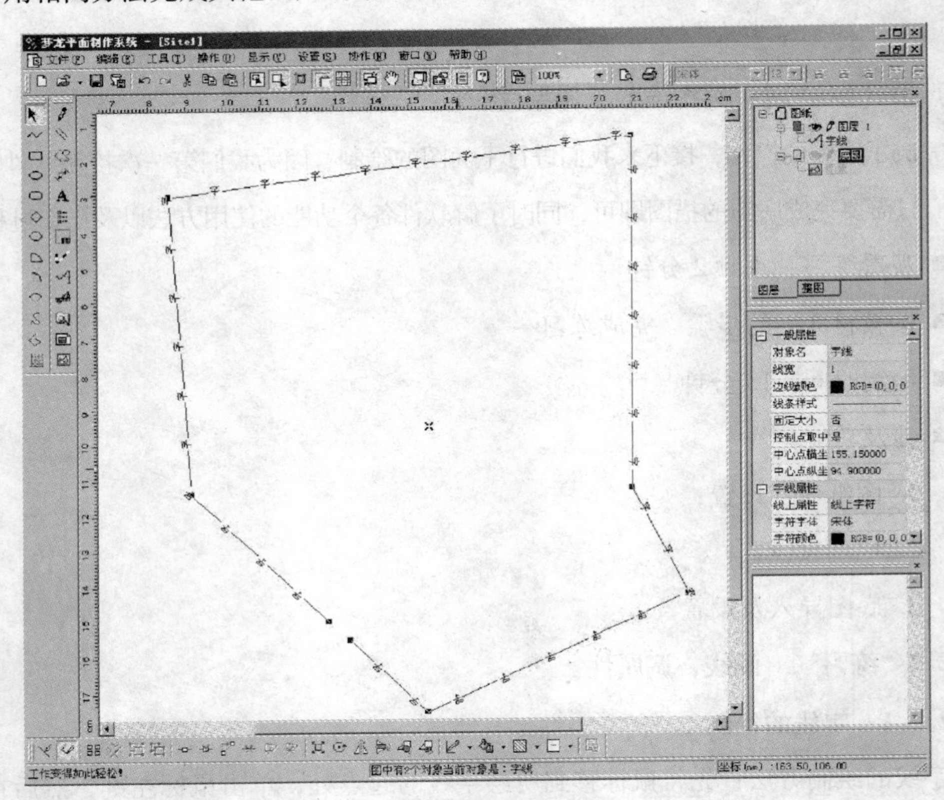

图1-11

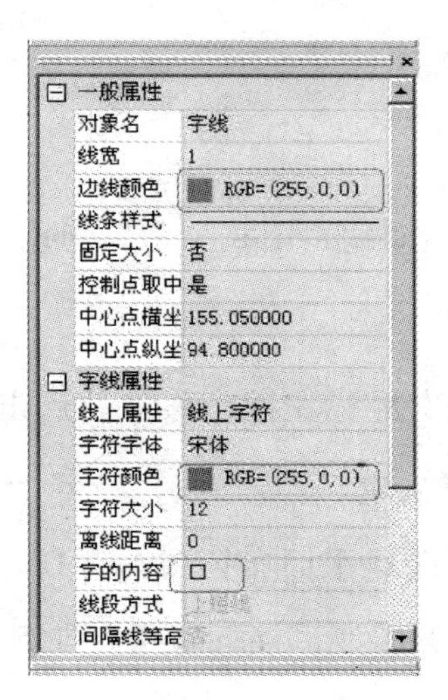
一般属性
对象名 字线
线宽 1
边线颜色 RGB= (255, 0, 0)
线条样式
固定大小 否
控制点取中 是
中心点横坐 155. 050000
中心点纵坐 94. 800000
字线属性
线上属性 线上字符
字符字体 宋体
字符颜色 RGB= (255, 0, 0)
字符大小 12
离线距离 0
字的内容 □
线段方式
间隔线等高

图 1-12

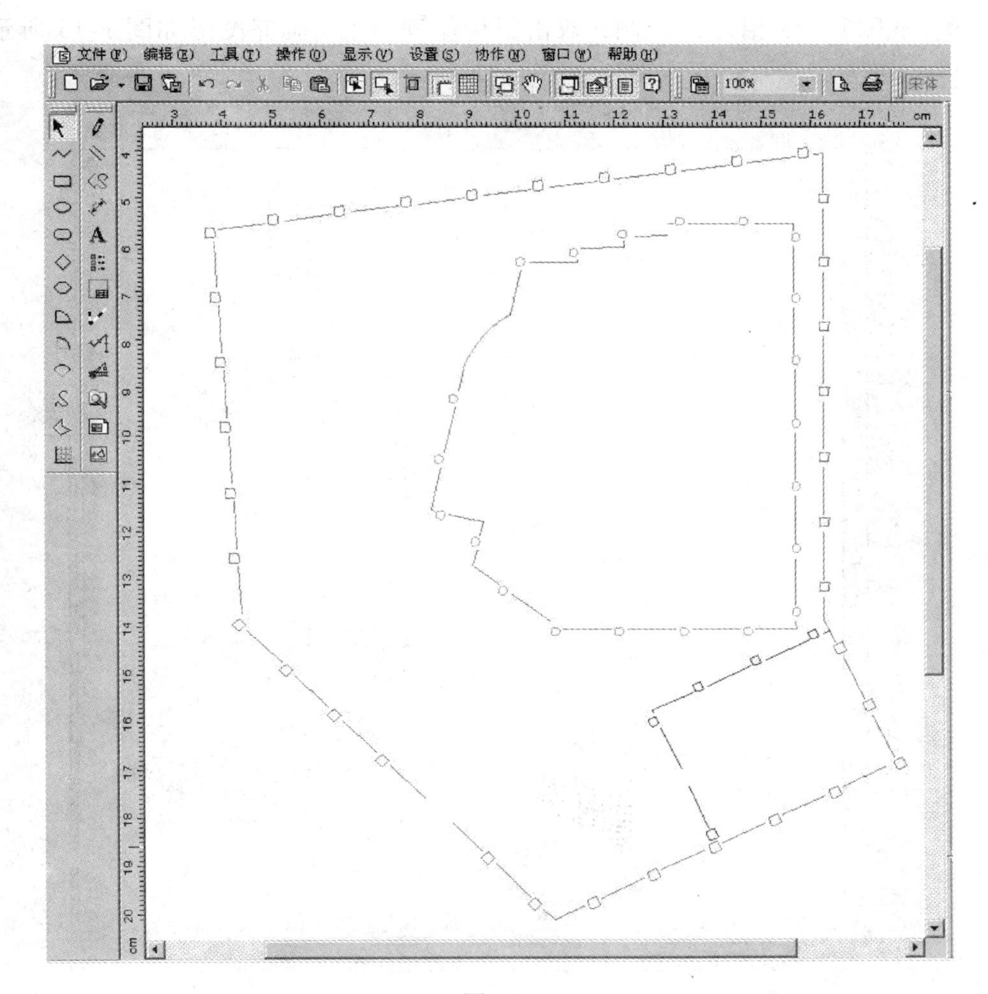
文件(F) 编辑(E) 工具(T) 操作(O) 显示(V) 设置(S) 协作(N) 窗口(W) 帮助(H)
100%
宋体
cm

图 1-13

2.2.2 折线和曲线

折线、曲线的绘制方法：

1. 按下按钮，点击一次鼠标左键，移动鼠标，绘制一条线，绘制完，双击左键确定；

2. 按下按钮，点击一次鼠标左键，移动并点击鼠标左键绘制一条曲线，绘制完，双击左键确定。

查看底图“附录一　工程现场平面布置图6-2-1”，可以看到“广联达大厦”可以用折线和曲线来绘制，接下来我们进行“广联达大厦”的绘制，点击界面左侧工具栏中的【折线工具】，如图1-14所示。

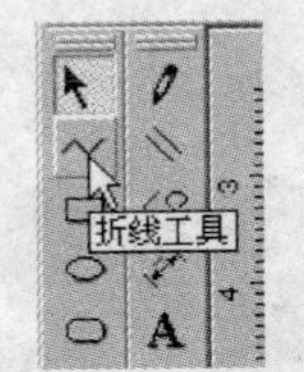

图1-14

根据底图所示，沿墙线绘制，双击鼠标左键结束，画完图形如图1-15所示，

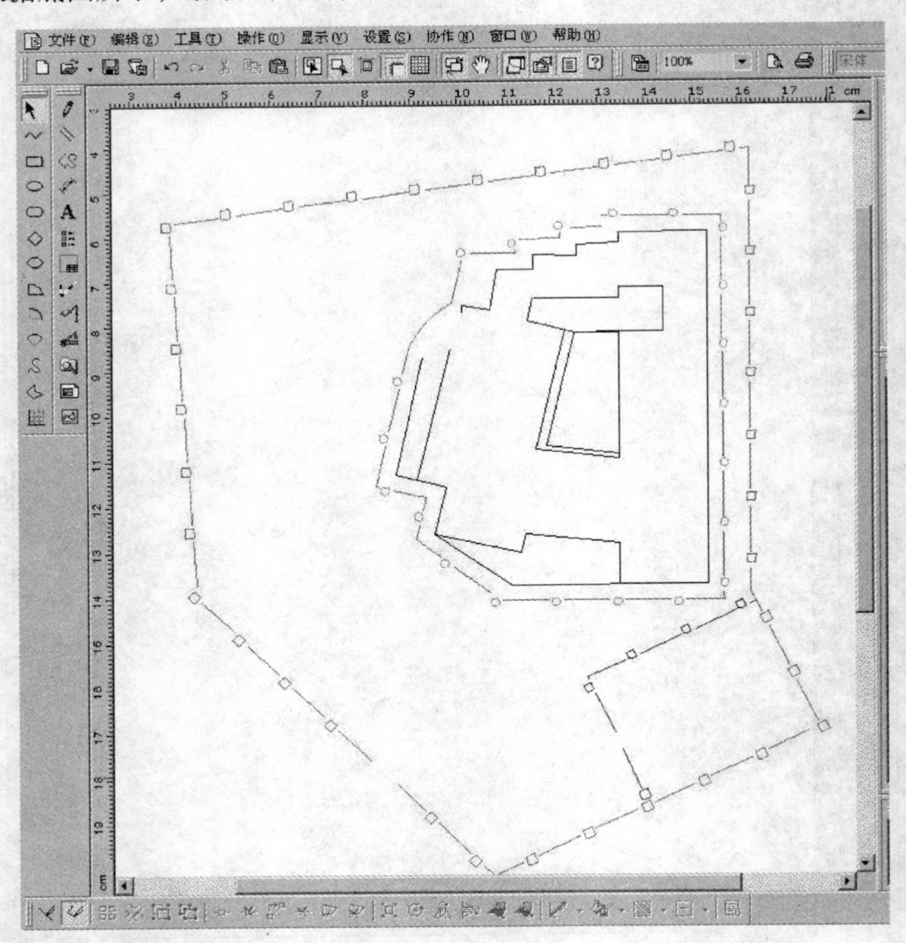

图1-15

点击界面左侧工具栏中的【曲线工具】，如图 1-16 所示。

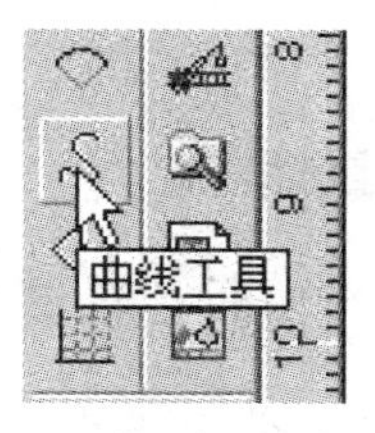

图 1-16

根据底图所示，沿墙线绘制，双击鼠标左键结束，调整曲线位置，画完图形如图 1-17 所示。

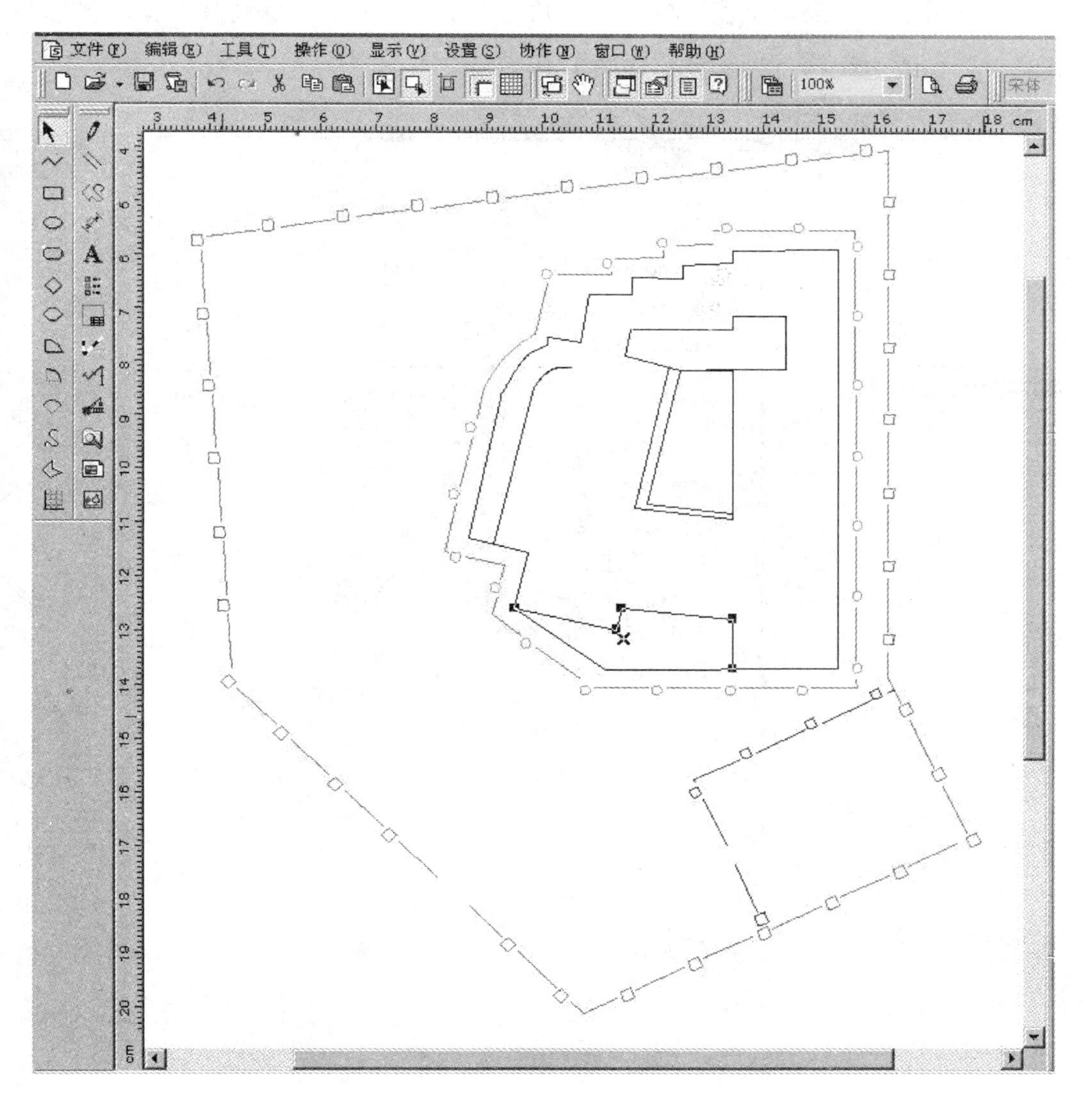

图 1-17

2.2.3 矩形

矩形的绘制方法

按下 按钮，在视图中按下鼠标左键并保持住，拖动鼠标。

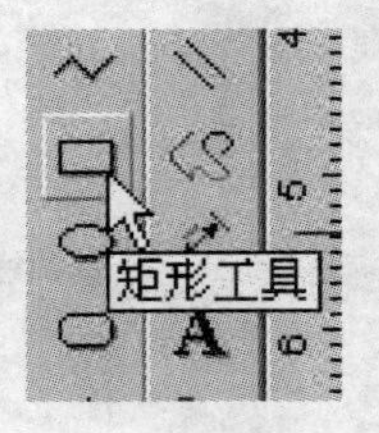

图 1-18

查看底图“附录一　工程现场平面布置图 6-2-1”，可以看到“加工棚”、“宿舍”、“料场”等可以用矩形来绘制，接下来我们进行“加工棚”的绘制，点击界面左侧工具栏中的“矩形工具”，如图 1-18 所示。

在视图中“钢筋加工棚”的一个顶角处按下鼠标左键并保持住，拖动鼠标到其对角。修改边线颜色为紫色，如图 1-19 所示。

⊟ 一般属性

对象名	矩形
线宽	1
边线颜色	RGB=(128, 0, 128)
线条样式	
填充颜色	RGB=(255, 255, 255)
填充样式	
固定大小	否
控制点取中	是
对象透明	否
对象填充	否
中心点横坐	58.800000
中心点纵坐	75.350000
矩形宽度	11.400000
矩形高度	11.500000

图 1-19

利用矩形和直线功能，绘制出“加工棚”、“料场”、“宿舍”、“食堂”等构件，画好的图形如图 1-20 所示。

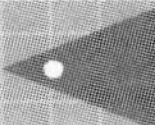

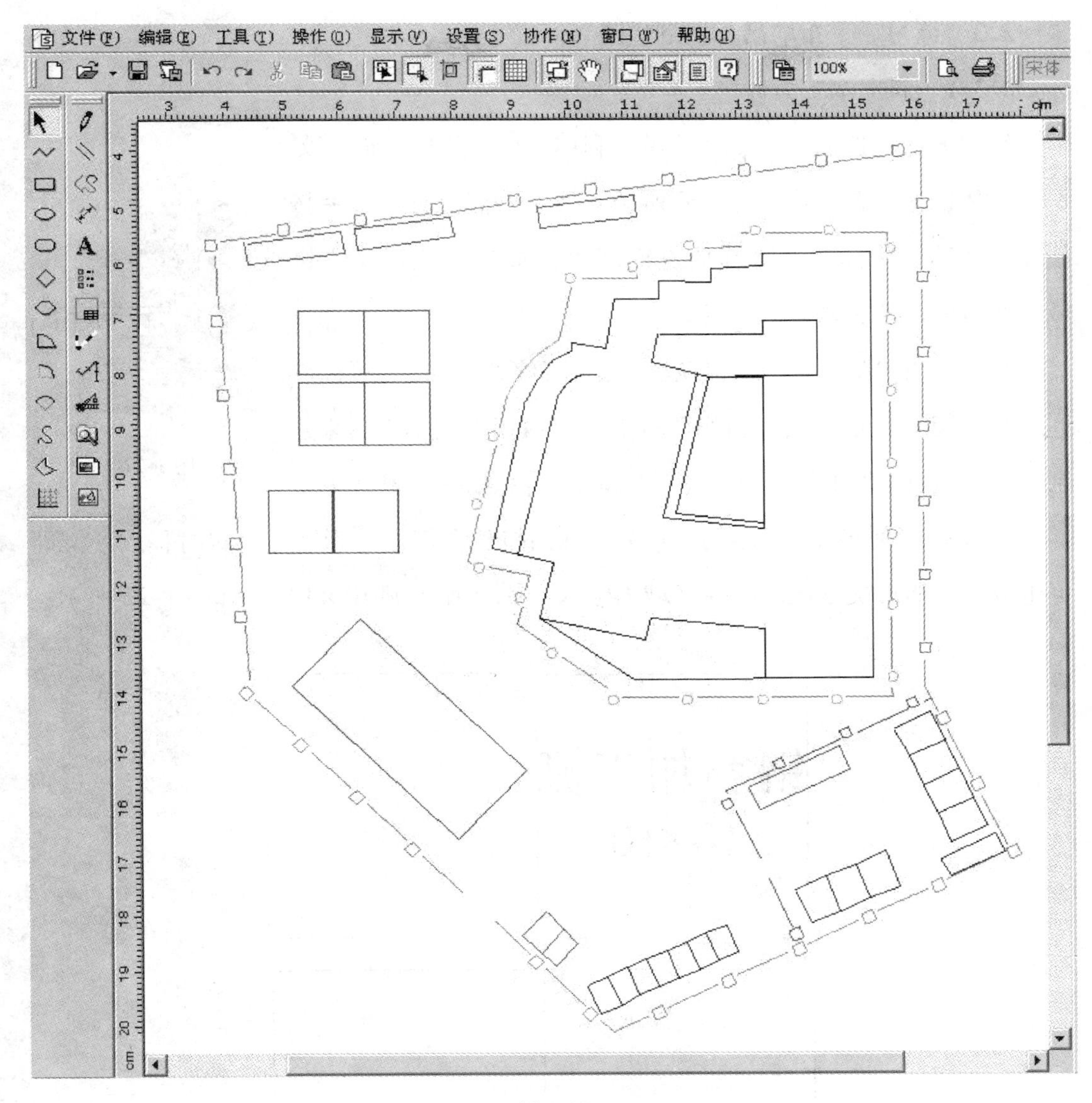

图 1-20

- 观看练习二视频 5 分钟
- 按教材 2. 2 的步骤完成围挡、建筑边线的绘制
- 编制时间：20 分钟
- 涉及功能：

  1. 字线的绘制方法及属性修改；

  2. 折线、曲线的绘制方法及属性修改；

  3. 矩形的绘制方法及属性修改。

2.3　练习三　布塔吊、规划道路

2.3.1　斜文本工具

绘制方法：选取斜文本工具后，利用鼠标在编辑区插入文本。

具体操作：首先将鼠标移到所插入文本的起点处，然后按住左键拖动到终点，这时释放左键即可生成一个矩形文本区域，区域内有“文本”两个字。

查看底图“附录一　工程现场平面布置图6-2-1”，可以看到“加工棚”、“宿舍”、“料场”等名称可以用斜文本工具来绘制，点击界面左侧工具栏中的【斜文本工具】，如图1-21所示。

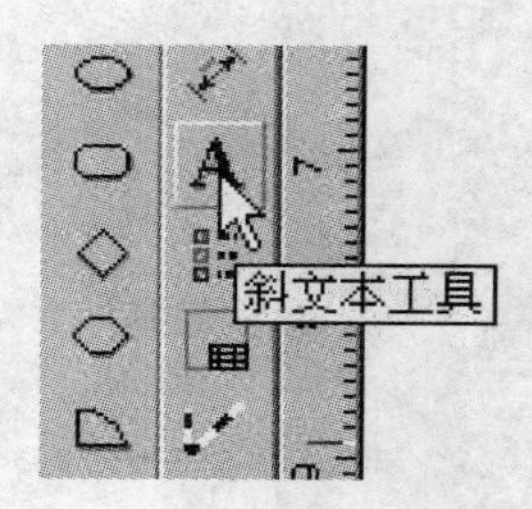

图1-21

将鼠标移到所插入文本的起点处，然后按住左键拖动到终点，这时释放左键即可生成一个矩形文本区域，在区域内输入“钢筋加工棚10×10”，如图1-22所示。

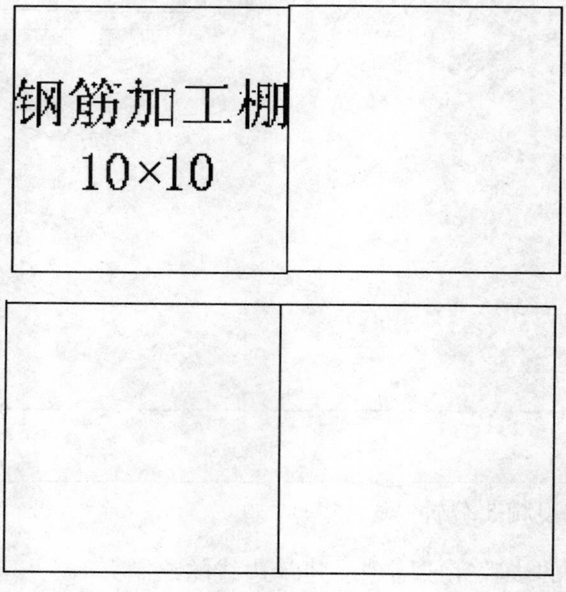

钢筋加工棚
10×10

图1-22

利用相同方法把所有需要标注名称的构件标注上名称，如图1-23所示。

2.3.2　塔吊工具

塔吊的绘制方法：

按下按钮，将鼠标移到编辑区，按鼠标左键，然后移动鼠标到用户想绘制塔吊处，释放鼠标左键，即可生成一个塔吊。若想修改此塔吊，则选择该对象后，将鼠标移到该塔吊的控制点上，按住鼠标的左键拖动即可修改，满意后释放左键。

查看底图“附录一 工程现场平面布置图 6-2-1”，可以看到“塔吊”的位置及其属性，选择左侧工具栏中的塔吊工具，如图 1-24 所示。

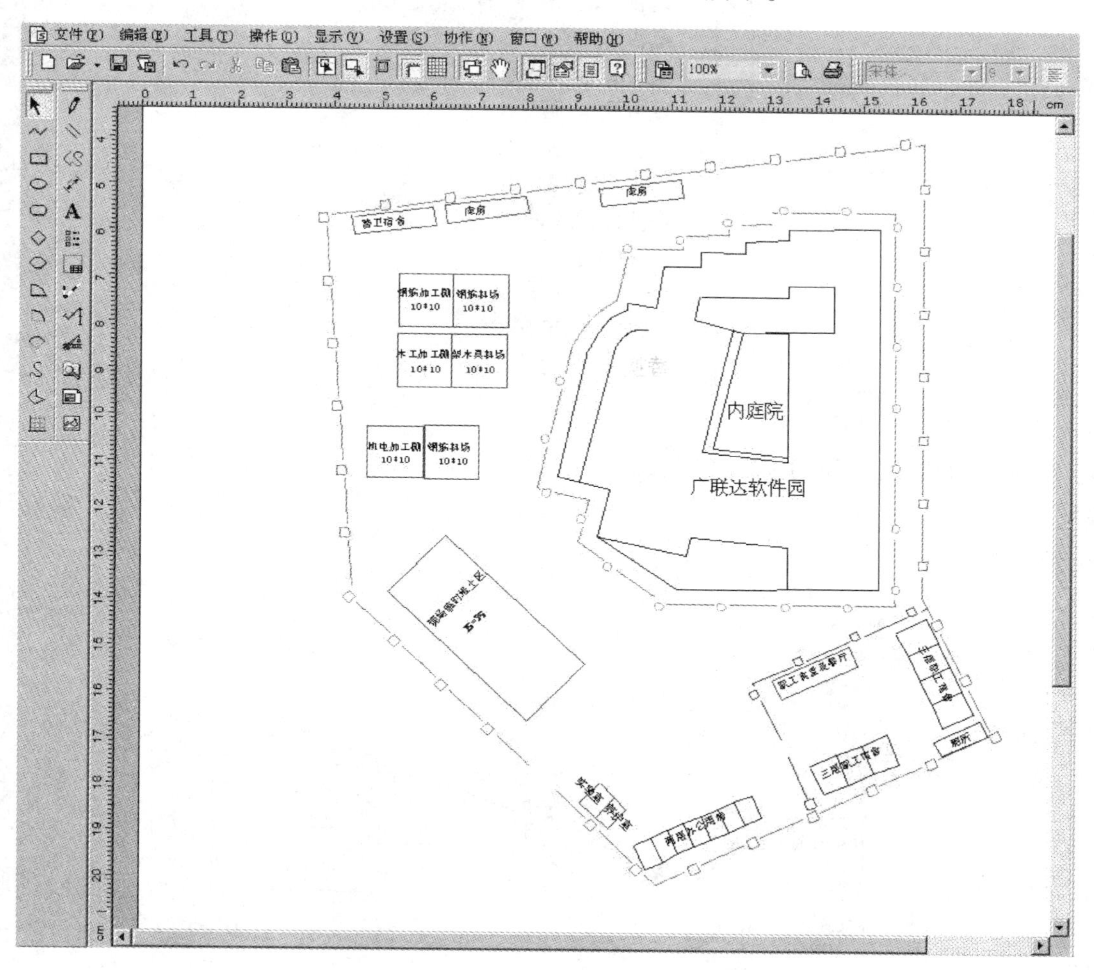

图 1-23

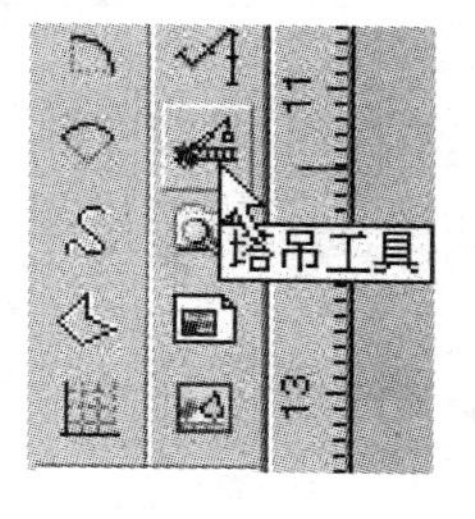

图 1-24

将鼠标移到编辑区，按鼠标左键，然后移动鼠标到用户想绘制塔吊处，释放鼠标左键，即可生成一个塔吊，修改塔吊属性，如图 1-25 所示。

⊟ 塔吊属性	
是否有小	是
是否有圆	是
是否有大	是
是否有标	是
是否固定	否
半径	50.000
是否自动	否
箭头的长	24
箭头的角	20
箭头样式	实箭头
标注样式	下标注
替换标注	50

图 1-25

画好的塔吊，如图 1-26 所示。

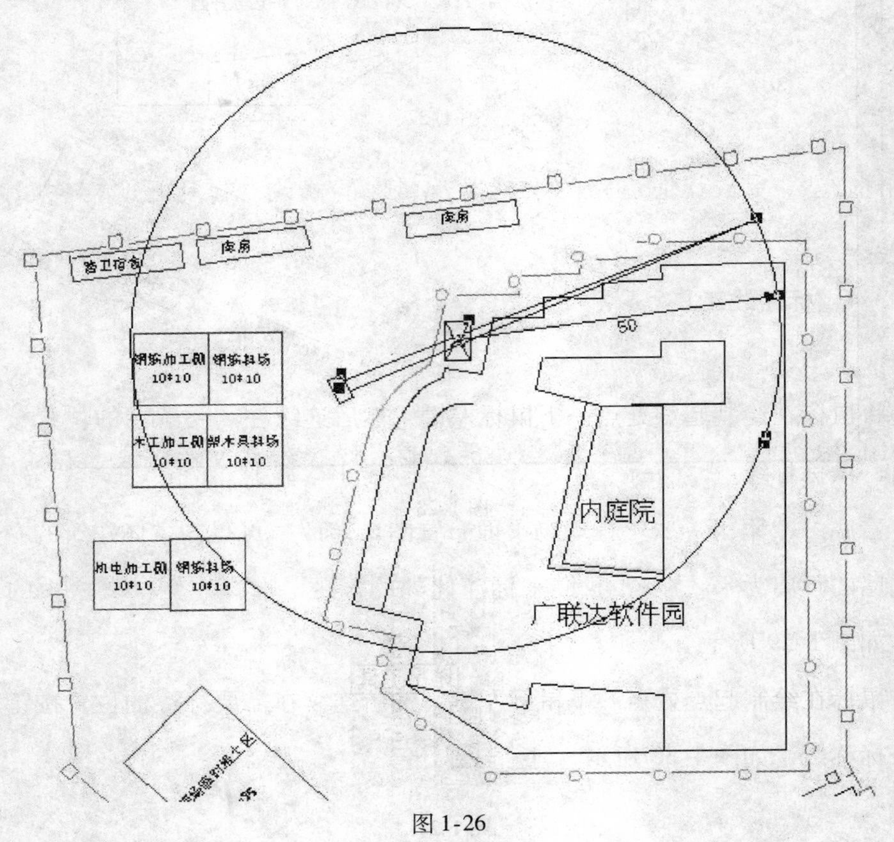

图 1-26

2.3.3　场内道路

查看底图“附录一　工程现场平面布置图 6-2-1”，可以看到“场内道路”的位置及其属性，选择左侧工具栏中的折线工具，沿道路中线画图，首先画 3.5m 宽的道路，修改折线属性，如图 1-27 所示。

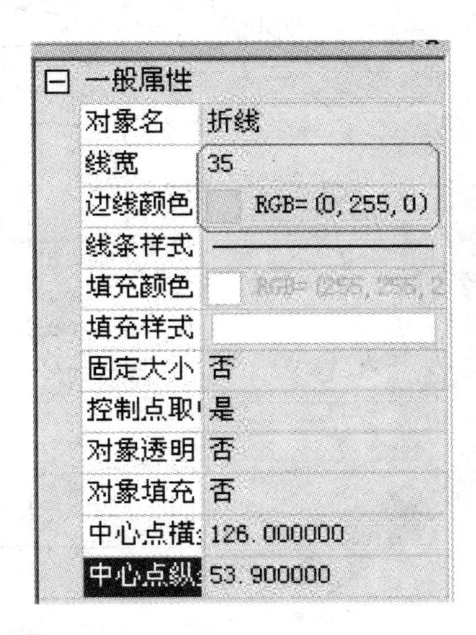

图 1-27

相同方法，完成其他道路的绘制以及属性的修改，绘制好的构件如图 1-28 所示。

2.3.4　标距线工具

绘制方法：

先将鼠标在绘制起点处点一下鼠标左键，然后连续在需要标注的位置按键，即可生成一条标称线。

查看底图“附录一　工程现场平面布置图 6-2-1”，可得知主体建筑的右侧墙距右侧围墙的距离为 8m，现在我们来标注此处的标距，选择左侧工具栏中的标距线工具，如图 1-29 所示。

将鼠标在绘制起点处点一下鼠标左键，然后连续在需要标注的位置按键，即生成一条标称线，如图 1-30 所示。

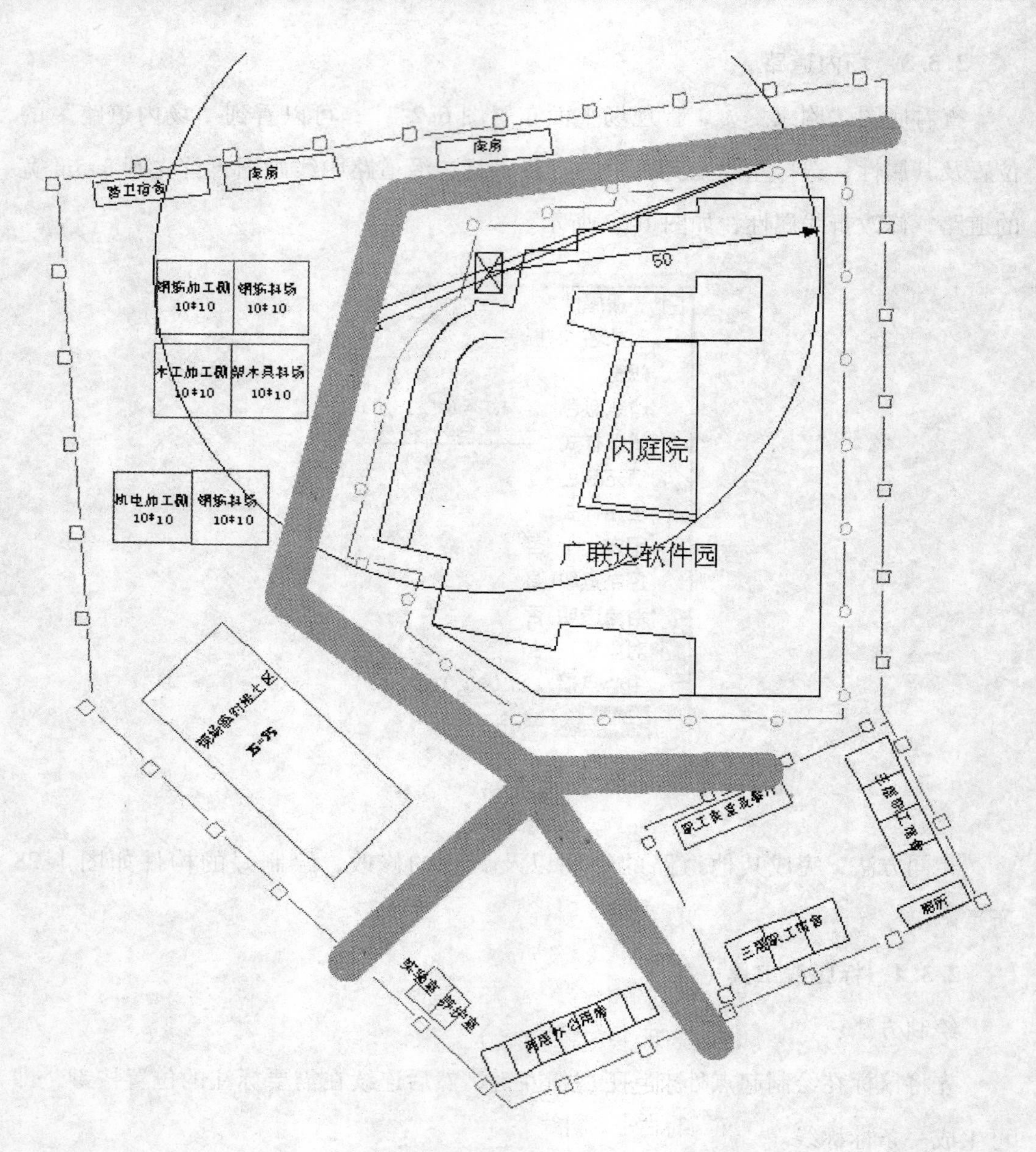
库房
库房
钢筋加工棚
10*10
钢筋料场
10*10
木工加工棚
10*10
10*10
机电加工棚
10*10
钢筋料场
10*10
50
内庭院
广联达软件园
三层职工宿舍
厕所
两层办公用房

图 1-28

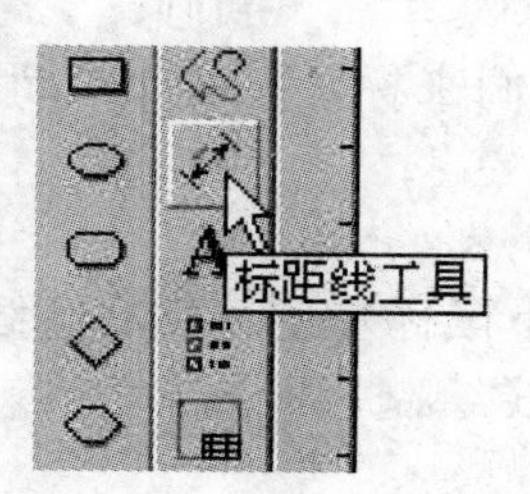
标距线工具

图 1-29

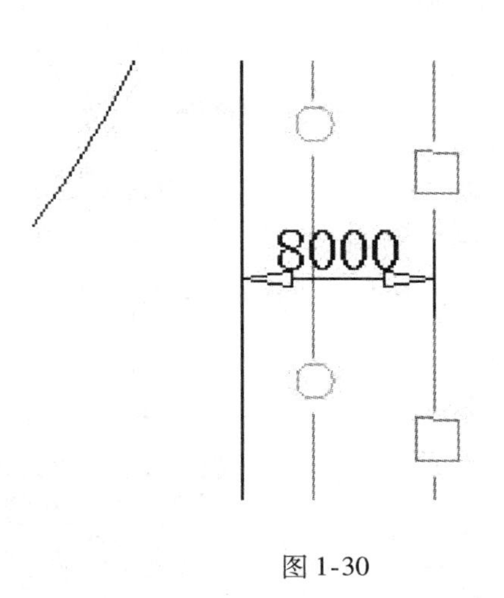

图 1-30

在右侧属性栏里修改标注方式及标注内容，如图 1-31 所示。

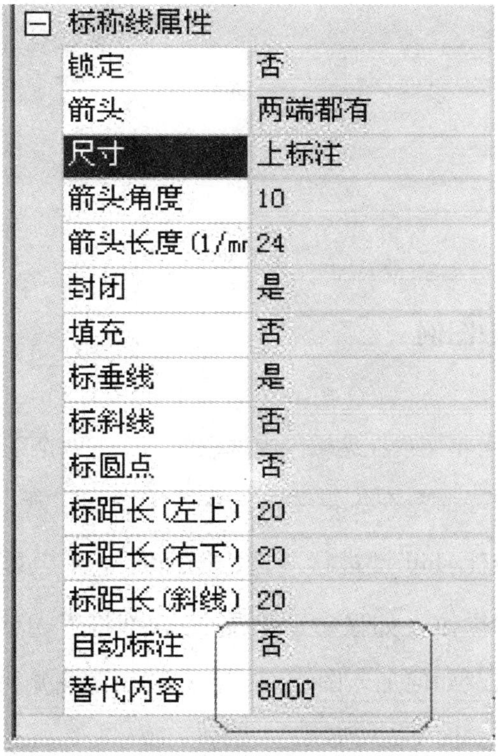

标称线属性	
锁定	否
箭头	两端都有
尺寸	上标注
箭头角度	10
箭头长度（1/mr	24
封闭	是
填充	否
标垂线	是
标斜线	否
标圆点	否
标距长（左上）	20
标距长（右下）	20
标距长（斜线）	20
自动标注	否
替代内容	8000

图 1-31

相同方法，完成其他标距线绘制以及属性的修改，绘制好的构件，如图 1-32 所示。

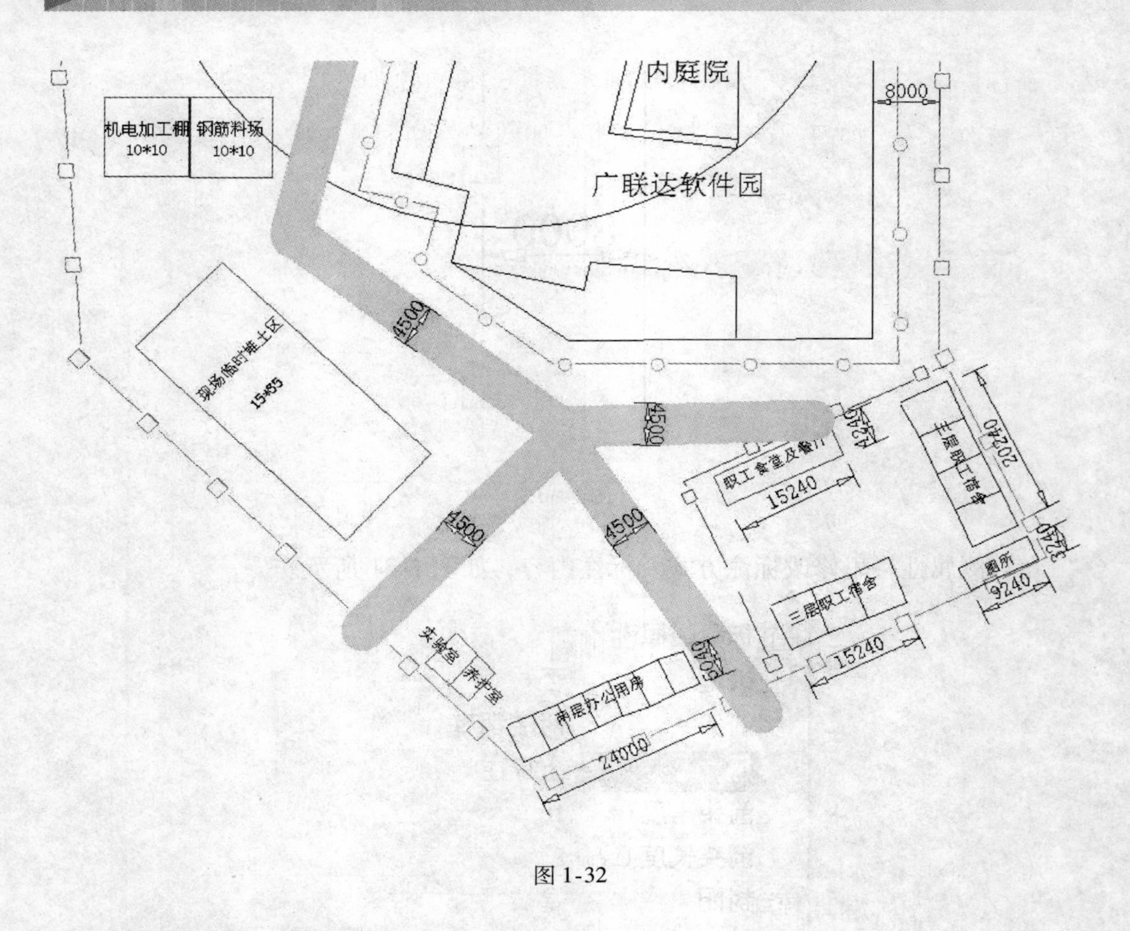

图 1-32

2.4 练习四 提取图例

2.4.1 成组命令

成组命令：本命令可将用户在编辑区内选取的两个或两个以上操作对象组成一组。

具体操作：先用选择命令在编辑区内选取若干图形，既可按住鼠标左键拖拉出虚框进行框选，也可按住 shift 键进行多选，选择完毕后点击按钮便可。以后对该组内任何一个对象的操作（如移动、缩放等），都将影响整个组。我们现在要学习的是泵车的绘制方法及如何加入图元库，首先利用圆角矩形工具、椭圆工具机曲线工具画好图元模型，如图 1-33 所示。

点击下方的【成组】命令，如图 1-34 所示。

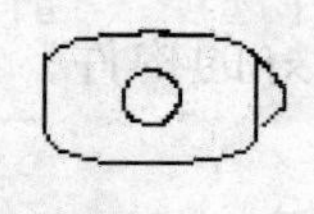

图 1-33

图 1-34

在构件选中的状态下单击鼠标右键，选择【将对象加入图元库】，弹出图元库界面，修改名称，如图 1-35 所示，点击添加图元，完成泵车的图元生成。相同方法完成其他构件的图元添加。

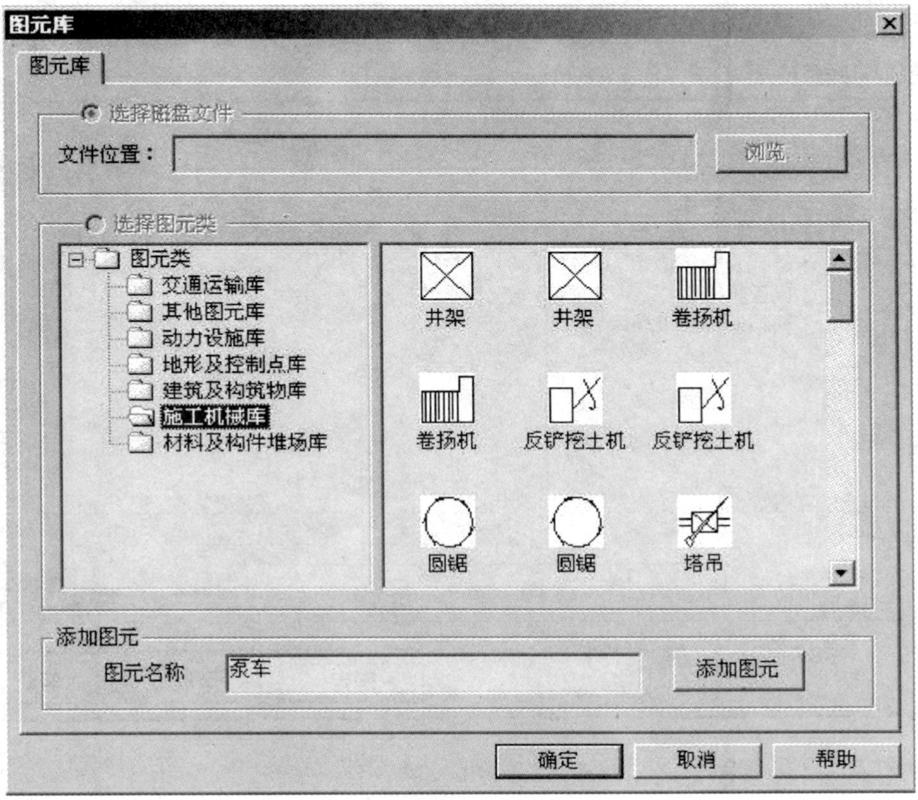

图 1-35

2.4.2　库工具

库工具：选取后，从图库中提取图形。

具体操作：首先将鼠标移到所插入图形的起点处，然后按住左键拖动到终点，有一矩形虚线框随着光标移动，释放左键弹出图元库属性对话框，如图 1-36 所示。

如果提取图元库中的图元，首先选择图元类型，然后在窗口中选择相应的图元，点击【确定】；如果提取其他位置的文件，选择磁盘文件选项（选择图元类置灰），点击浏览，找到所需文件确定即可。

根据上述方法，在图元库中提取已经添加好的泵车、大门、警卫室等构件，可

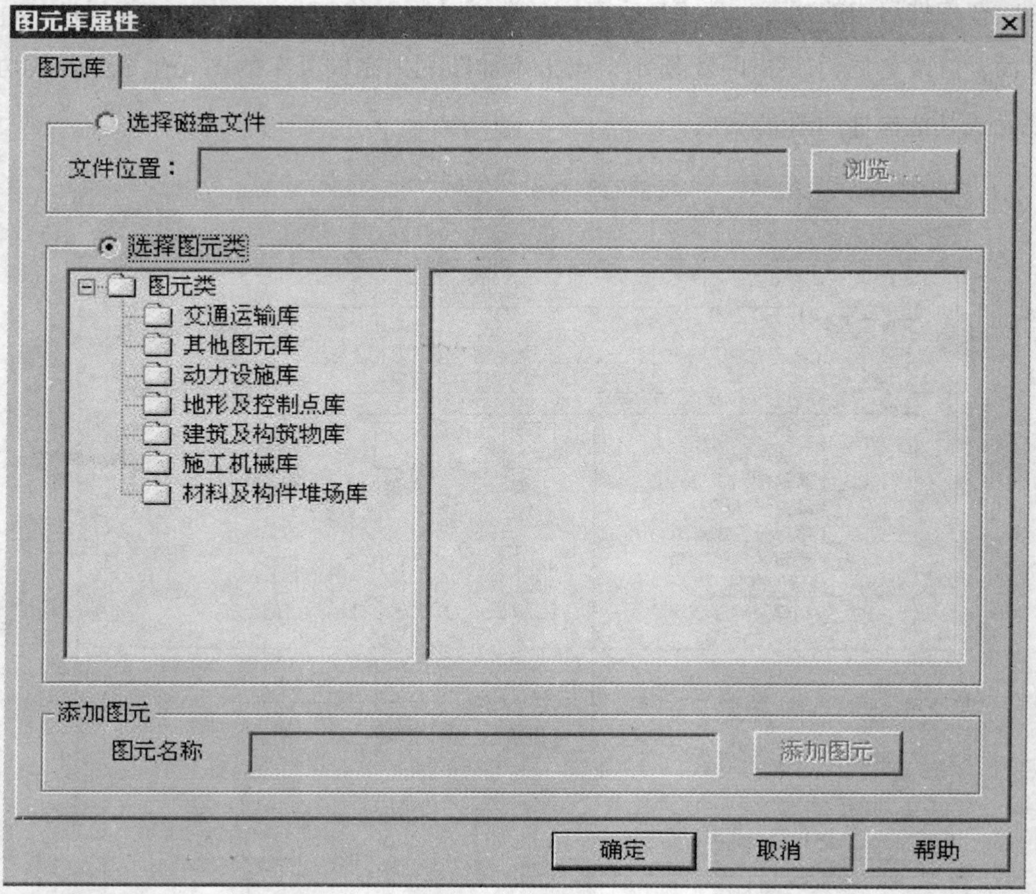

图元库属性

图元库

选择磁盘文件

文件位置：　浏览...

选择图元类

图元类
交通运输库
其他图元库
动力设施库
地形及控制点库
建筑及构筑物库
施工机械库
材料及构件堆场库

添加图元

图元名称　添加图元

确定　取消　帮助

图 1-36

利用“旋转工具”，修改构件的方向，如图 1-37 所示。

图 1-37

2.4.3 图例

图例工具：选取后，利用鼠标在编辑区插入一个图例表。

具体操作：首先将鼠标移到所插入图例的起点处，然后按住左键拖动到终点，这时释放左键即可生成一个矩形图例区域，同时弹出图例属性对话框，在框中可以通过选择图元类来确定要显示的图例，并可对图例的大小、间距和标注文字进行设置。

现在我们来完成图例的插入，选择左侧工具栏中的图例工具，如图 1-38 所示。

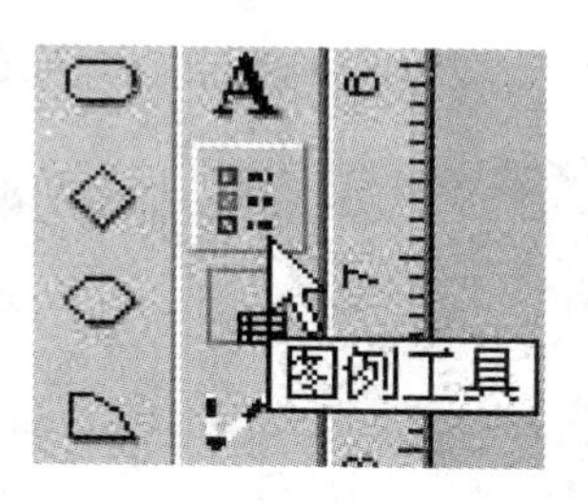

图 1-38

将鼠标移到所插入图例的起点处，然后按住左键拖动到终点，这时释放左键即可生成一个矩形图例区域，同时弹出图例属性对话框，在框中可以通过选择图元类来确定要显示的图例，如图 1-39 所示。

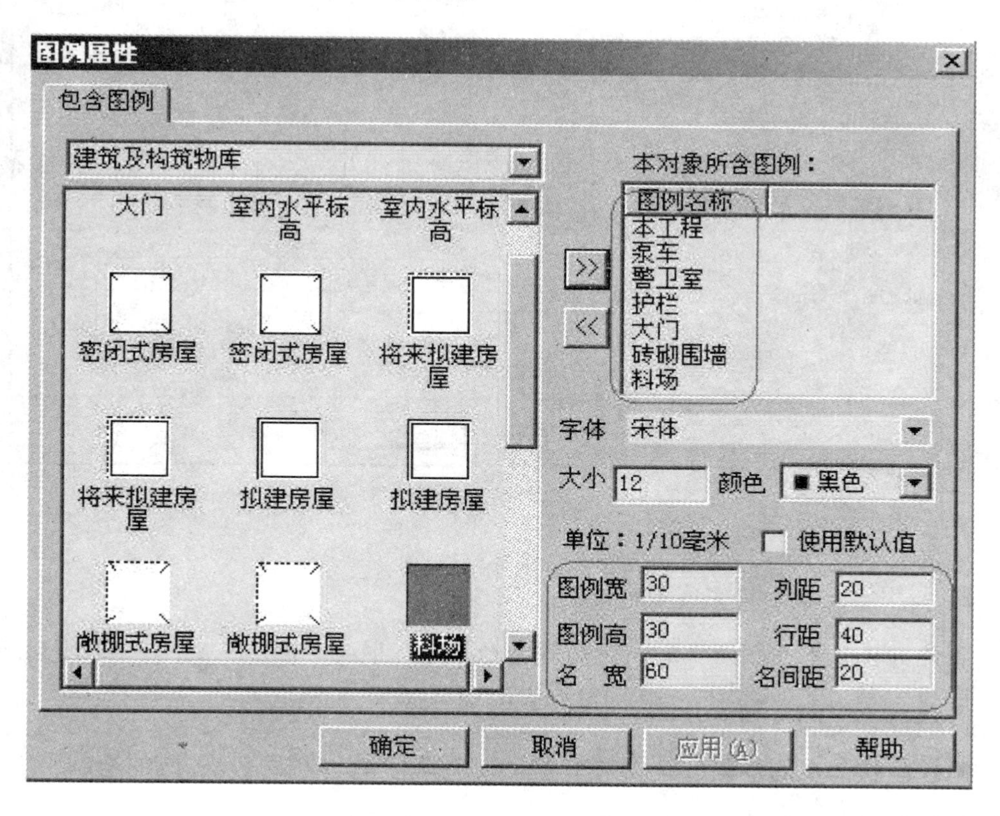

图 1-39

点击确定，即可完成图例的插入。

2.4.4 其他

下面完成剩余构件的绘制，包括指南针、工程说明等。

1. 利用库工具，找到指南针，如图 1-40 所示，完成指南针的插入。

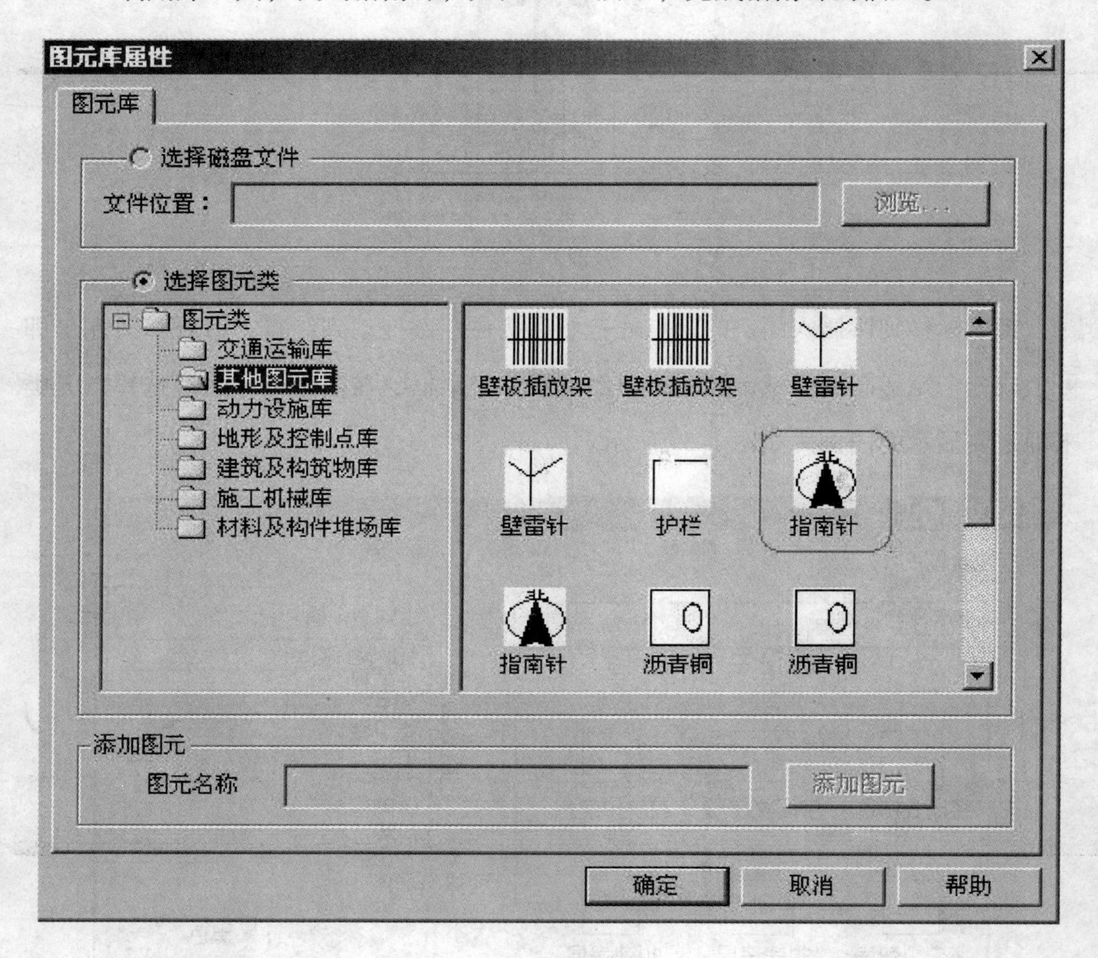

图 1-40

2. 利用斜文本工具完成工程说明。

到此为止，平面图所学的所有构件已经画完，最终平面图，如图 1-41 所示。

■ 观看练习四视频 3 分钟

■ 按教材 2.4 的步骤，完成泵车、大门、警卫室的绘制以及图例的绘制

■ 编制时间：22 分钟

■ 涉及功能：

1. 成组命令的操作方法；

2. 将对象加入图元库的操作方法；

3. 构件提取的操作方法；

4. 图例的输出方法。

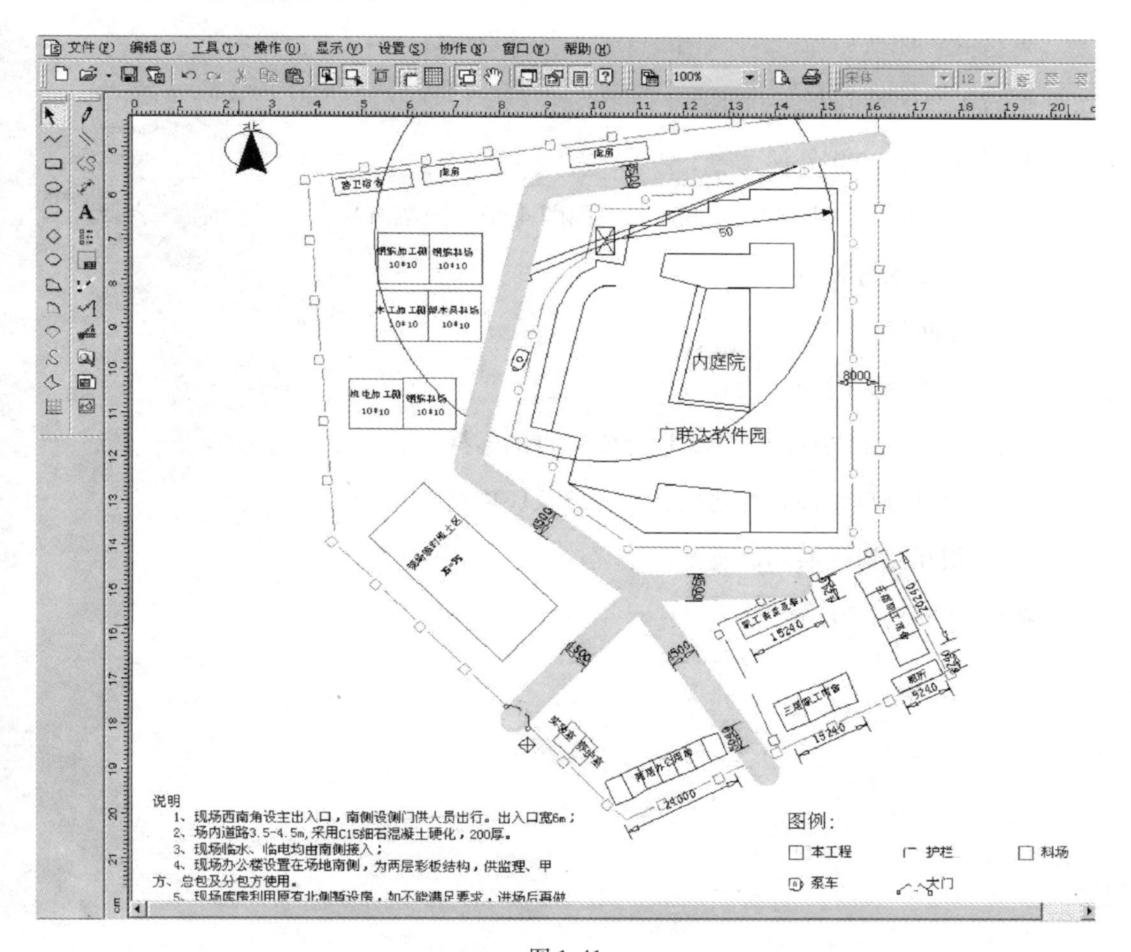

图 1-41

■ 观看练习三视频 5 分钟

■ 按教材 2.3 的步骤，完成文字输入及塔吊、道路的绘制、标距线的添加

■ 编制时间：20 分钟

■ 涉及功能：

1. 斜文本工具的绘制方法及文字输入；

2. 塔吊的绘制方法及属性修改；

3. 场内道路的绘制方法及属性修改；

4. 标距线的绘制方法及属性修改。

3.1　施工平面图绘制实战

■ 内容：完成上一单元中推演出的四张施工平面图的绘制

■ 方式：团队协作

■ 以 CAD 平面图作为底图

■ 时间要求：60 分钟

■ 要求：提交各小组推演的施工平面图 4 张，图幅 A4

4.1　团队分享

■ 单元重点：

1. 分享两天时间的收获；

2. 分享对于课程的了解，以及知识点的掌握；

3. 通过分享掌握软件功能，流程以及应用技巧；

4. 相互探讨，共同进步。

■ 时间要求：20 分钟

第2章 施工平面设计案例——广联达研发大厦

第1单元　招标文件相关规定（摘要）

1　总则

1.1　工程概述

- 工程名称：广联达软件园研发楼工程
- 建设地点：北京市海淀区东北旺乡中关村软件园 D-R14 号地西侧地
- 建设单位：北京广联达软件技术有限公司
- 总建筑面积：约 11250 平方米
- 建筑层数、高度：地上三层，地下一层，建筑高度 13 米
- 建筑结构形式：现浇框架结构
- 抗震设防烈度为 8 度
- 防火设计的建筑分类为二级
- 合理使用年限 50 年

1.2　招标范围

1.2.1　招标工程项目的范围

1. 建筑工程

本工程土方报价按工程量清单计算规则，如需降水、护坡、放坡等报在措施项目中，由施工单位根据地勘报告等自行考虑。

2. 精装修工程

A. 本工程精装修范围：地下部分包括公共餐厅、走道、卫生间、物业用房；地上部分包括大堂、走廊、办公室、会议室、管理室、贵宾室、荣誉展览厅、经理室、卫生间、楼梯间；

B. 以上房间天棚做到结构层，墙面做到抹灰层，地面做到垫层，卫生间做到防水保护层，其他房间按施工图纸做到位；

C. 外立面、屋面做到位；

D. 除精装修房间的门外，其余门均做到位；

E. 不含室内的栏杆、扶手。

3. 给排水工程

排水管道做到位；

给水、中水管道进卫生间甩口，甩口后卫生洁具管道在精装修范围内，其他做到位。

4. 强电工程

变配电室中不含低压开关柜，以前的设备变配电安装工程。

精装修范围内的照明灯具不做，其他按图纸施工到位（精装修范围同 1.2.1 条 A 款）。

5. 弱电工程

含电视、电话、网络、安防、火灾报警等，只做预留预埋及其预埋部分的穿带线。

6. 消火栓系统、自动喷淋系统、通风空调工程只做预留预埋

1.2.2　凡与室外相连接的管线均做至出楼 2.5 米处。

1.2.3　除上述承包范围外，具体还应参见《招标答疑》（若有）、工程洽商记录等投标参考文件。

1.2.4　招标人将按照《招投标法》和北京市建委有关专业分包的文件规定将超过 200 万元以上的专业分包和招标人认为必要的项目进行招标。

1.2.5　本次招标甲方指定分包项目如下：

1. 电梯设备及安装维修工程；

2. 通风空调工程（采用地源热泵方式）；

3. 精装修工程；

4. 变配电工程；

5. 消防工程：火灾报警、消火栓系统、自动喷淋系统；

6. 弱电工程：电视、电话、网络、安防。

本次招标范围报价，根据甲方指定分包项目，一次性考虑总包服务费（总包服务费应包含但不限于以下费用：脚手架、水、电、垂直运输、临时住房等），配合费一次包死，总包不得再向分包收取任何费用，结算时不再调整。

1.2.6　本次招标范围内暂估项目清单，由招标单位发书面补充文件（与工程量清单一同发出）。

1.3　工期

1.3.1　计划开工日期：2007 年 3 月 15 日。计划竣工日期：2007 年 10 月 31 日。

总包编制计划时，应将所有分包工程考虑在内，使工程达到竣工验收条件。

1.3.2　投标人可以在坚持其报价的前提下，在其投标文件中对前款规定的计划竣工日期予以提前。

1.4　工程质量标准

工程质量标准：合格。

1. 本招标工程质量标准和质量要求详见本招标文件第四篇《主要技术标准、要求及图纸目录》；

2. 本招标工程质量标准必须符合中华人民共和国国家标准，如果本招标文件第四篇《主要技术标准及要求》中规定的执行标准高于国家标准，则按本招标文件《主要技术标准、要求及图纸目录》中规定的标准执行，如果低于国家标准，则按国家标准执行。

1.5　招标方式

1.5.1　本工程采用邀请招标方式。

1.6　合同形式

1.6.1　本次招标工程采用固定总价合同。

1.7　资金来源

该项目资金来源为自筹资金，资金已到位。

1.8　投标人的合格条件与资格要求

略

1.9　现场踏勘

略

1.10　投标费用

略

1.11　投标答疑

略

1.12　水文及地表以下资料

招标人提供现场地质勘察资料等资料供查阅。

1.13　语言文字及度量衡单位

略

1.14　安全防护、文明措施费

1.14.1　投标人在投标书中要制定切实可行的建筑工程安全防护、文明施工措施方案，并根据施工现场的具体情况和工程分部、分项的特点及各施工阶段分别制定出总体的措施方案和各分部阶段的措施方案。

1.14.2　“文明施工”的措施方案至少应包括：施工现场周围设置硬质围挡；主要道路要硬化并保持清洁；垃圾、渣土要及时清运；施工土方要覆盖；工地出口要设置冲洗设施；运输车辆驶出施工现场要将车辆和槽帮冲洗干净；水泥、石灰等可能产生扬尘污染的建材必须在库房存放或者严密遮盖；严禁凌空抛撒垃圾、渣土；市政工程要合理分段，减少土方开挖面积和存留时间；严格围挡防止泥土流失到附近道路等。

1.14.3　“施工安全防护措施”的方案至少应包括：土方工程（特别是各类基坑支护结构），各类脚手架、作业平台，各类临时支撑体系（包括模板工程）、物料提升设施，高处作业的防护（特别是防高空坠落和坠物砸伤），大型施工机械设备的安装、使用和拆除，中小型机械设备安全管理，消防安全，施工临时用电系统，洞口临边防护，地上及地下各类管、线的保护，现场周边环境安全防护（包括与工程毗邻的行人通道、建筑物、构筑物、管线等），季节性施工安全措施等。

1.14.4　投标人应在投标文件中明确法人单位的安全管理体系和安全生产责任制以及施工现场项目经理部的安全管理体系和安全生产责任制。

1.14.5　根据《建筑工程安全防护、文明施工措施费用及使用管理规定》（京建施［2005］802号）的要求，建筑工程安全防护、文明施工措施费用是按照国家现行的建筑施工安全、施工现场环境与卫生标准和有关规定及《北京市建设工程施工现场安全防护、场容卫生、环境保护及保卫消防标准》和《北京市建设工程施工现场生活区设置和管理标准》，购置和更新施工安全防护用具及设施、改善安全生产条件和作业环境所需要的费用。

1.14.6　安全防护、文明施工措施费用由发包单位在合同签订后，工程开工前由发包单位向承包单位支付的安全防护、文明施工措施费的50%，其余50%应随工程进度款支付。安全防护、文明施工措施费应专款专用，任何人不得以任何理由将此款项挪为他用。安全防护、文明施工措施费的调整方法，按照合同总价调整。

2　招标文件

2.1　招标文件的内容

略

2.2　招标文件的澄清

略

2.3　招标文件的修改

略

3　投标文件

3.1　投标文件的组成

投标文件和与投标文件有关的所有文件均应使用中文。除工程规范另有规定外，投标文件使用的度量单位均应采用中华人民共和国法定计量单位。

3.1.1　投标文件的组成

由投标函、商务和技术三部分组成：

1. 投标函部分主要包括下列内容：

略

2. 商务部分主要包括下列内容：

略

3. 技术部分主要包括下列内容：

施工组织设计（暗标）

（1）施工方案；

（2）拟投入的主要施工机械设备表；

（3）劳动力计划表；

（4）主要材料设备进场计划表（自行设计）；

（5）计划开、竣工日期和施工进度网络图（或横道图）；

（6）施工总平面图；

（7）临时用地表；

（8）现场电力、用水需求计划表（自行设计）。

投标人针对工程特点，编制切实可行的施工方案，进度计划，施工部署，现场组织机构，拟用机械、设备、材料、劳动力计划（不可出现企业及人员姓名），分包计划，临时用地表，现场电力、用水需求计划表，质量保证体系及措施，安全保证体系及措施，文明、绿色施工措施，消防保卫体系及措施，现场总平面布置图等。

3.1.2　略

3.1.3　略

3.1.4　本工程不需要投标人提供替代方案。

3.2　投标报价（详见工程量清单报价说明）

略

3.3 投标货币

略

3.4 投标担保

略

3.5 投标文件的份数和签署

略

4 投标文件的递交

4.1 投标文件的密封与标记

4.1.1 投标文件严格按照招标文件的要求进行装订、密封。

4.1.2 投标函部分及商务标部分的正本和所有副本分别密封，并在密封袋上清楚地标明“正本”和“副本”。施工组织设计分正、副本单独密封，并在密封袋上清楚地标明“正本”或“副本”。各分册均须左侧装订，装订须牢固不易拆散和换页。

4.1.3 投标文件密封袋的封面按照规定加盖投标单位公章和法定代表人印鉴各一枚。

4.1.4 投标文件密封必须使用招标文件规定的封条（必须带盖章标识），在投标文件袋每个开口处密封，在每个密封条上加盖投标人公章及法人印章各两枚。

4.1.5 技术标之施工组织设计采用“暗标”。“暗标”部分，除正本的封面外，副本封面（包括封底、侧封）及所有正文中均不得出现可识别投标人身份的任何字符和徽标（包括文字、符号、图案、标识、标志、人员姓名、企业名称、以往工程名称、投标人独有的企业标准名称或编号等）；所有副本的封面、封底和侧封必须是完全空白（采用A4白色复印纸）。“暗标”部分的所有正、副本的正文应当按以下要求排版制作：

（1）全文采用microsoft-word2003打印；

（2）纸张：A4白色复印纸（70g）；

（3）字体：宋体；

（4）字号：（1）标题：三号，（2）其他：四号；

（5）行距：固定值22磅；

（6）除图表外，不允许使用彩色打印；

（7）不允许页眉且页脚只准出现页码，页码采用阿拉伯数字格式，设在页脚对中位置，页码应当连续，不得分章或节单独编码；

（8）各章节的图表统一装订在全册的最后，按章节次序排列；对于比较大的图表可使用白色A3复印纸，但须将A3纸折叠成A4纸大小并统一装订；

（9）各章节之间须分页编排，且不用加隔页纸；

（10）不得分册装订，页数过多时，应当本着突出重点的原则予以缩减。

4.2 投标截止时间

略

4.3 迟到的投标文件

略

4.4 投标文件的更改与撤回

略

5 开标与评标

略

6 合同的授予

略

附件

广联达软件园研发楼工程
招标评标细则

1 总则

1.1 本办法为广联达软件园研发楼工程（以下简称“本工程”）招标的评标

办法（以下简称“本办法”），仅适用于本工程招标的评标。

1.2 本办法是招标文件的组成部分。

1.3 为确保评标工作的正常开展，评标工作由北京广联达软件技术有限公司（以下简称“招标人”）负责组建的评标委员会承担。评标委员会由招标人的代表以及项目管理公司受聘经济、技术专家组成。

1.4 与投标人有利害关系的人员不得参与本项目的评审工作。评标委员会成员的名单在评审结果未确定前应当保密。

1.5 评标工作必须遵循“公平、公正、科学、择优”的原则。

1.6 评标期间，评标人员必须严格遵守保密规定，不得泄露与评标有关的情况，不得索贿受贿，不得参加影响公正评标的任何活动。

1.7 投标人不得采取任何方式干扰评标工作。

1.8 评标委员会根据本办法及本工程招标文件要求对投标人投标文件进行定量评分，评审后，由评标委员会负责人汇总评审意见并会同其他评标委员会成员从评选的综合得分情况做出中标候选人排序名单，将中标候选人排序名单提交招标人，由招标人依据评标委员会提交的资料，选定中标人。

1.9 如果选中的投标人主动放弃其中标资格或因未遵循招标文件的要求被招标人取消其中标资格，则由其他的投标人依次获得中标资格。

1.10 本评标办法的最终解释权归招标人所有。

2 评标委员会的工作内容

略

3 评标程序

略

4 初步评审

4.1～4.8 略

4.9 《施工组织设计》文件副本封面上有字体或图案，或其封面的颜色、形式、装订与招标文件规定不符的。

4.10 《施工组织设计》副本封面上有字体或图案，或其封面的颜色、形式、装订与招标文件规定不符的。

4.11　未按招标人提供的暂定金额和预留金的。

4.12　安全防护及文明施工费用超出文件规定范围，或其措施不能满足要求的。

5　技术标评审

5.1　评审施工方案是否合理可行。

5.2　评审施工进度计划及保证措施是否合理可行。

5.3　评审投入的机械设备是否齐全、符合要求，配置是否合理，能否满足本工程合同中质量目标、工期目标的要求。

5.4　评审工程质量保证措施是否可靠，拟建立的质量保证体系是否健全，能否保证工程按合同要求的质量标准组织实施。

5.5　评审施工现场的安全防护及文明施工管理体系是否完整，措施是否有力可靠。

5.6　评审施工现场消防、保卫的管理体系是否建立健全，措施是否有力可靠。

5.7　评审劳动力和材料的投入和组织计划是否合理。

5.8　评审施工现场总平面图的布置是否合理。

5.9　技术评审得分为A1，所占总分权重 K 为0.3。

5.10　详细评分指标见表2-1。

表2-1

序号	项目	标准分	评分标准	分值	得分	评审说明
1	各施工方案	30	针对性强，难点重点把握准确	16~30		
			可行	1~15		
			不合理	0		
2	施工进度计划及措施	18	计划合理，措施有保证	6~18		
			计划欠周，措施欠合理	0~5		
3	质量保证体系及措施	10	保证体系完整，措施有力	9~10		
			保证体系完整，措施一般	6~8		
			保证体系及措施欠完整	0~5		

续表

序号	项目	标准分	评分标准	分值	得分	评审说明
4	安全防护，文明施工措施	20	体系完整，措施有力	14～20		
			体系完整，措施一般	8～13		
			体系及措施欠完整	0～7		
5	机械、设备	5	合理，能够满足招标要求	4～5		
			欠合理	0～3		
6	消防、保卫体系及措施	5	体系完整，措施有力	5		
			体系完整，措施一般	3～4		
			体系及措施欠完整	0～2		
7	劳动力、材料	4	合理，能够满足招标要求	3～4		
			欠合理	0～2		
8	施工现场总平面图	8	合理	6～8		
			欠合理	0～5		
技术得分 A1		100			Σ	
说明		技术标实际得分在60分以下时，经有关专家鉴定后为废标。				

6　初步修正

略

7　澄清

略

8　经济评审

略

9　评标报告

略

10　定标

略

第2单元　工程概况（摘要）

1　总体概况

■ 工程名称：广联达软件园研发楼工程

■ 工程地点：北京市海淀区东北旺乡中关村软件园 D-R14 号地西侧地

■ 招标单位：北京广联达软件技术有限公司

■ 设计单位：北京东方华太建筑设计工程有限责任公司

■ 工程规模：总建筑面积 11250 平方米

■ 工程性质：乙类公共建筑

■ 承包方式：施工总承包

■ 合同形式：固定总价合同

■ 质量标准：合格

■ 工期要求：计划 2007 年 3 月 15 日开工，计划 2007 年 10 月 31 日竣工

■ 资金来源：自筹，资金已到位

■ 建筑结构形式：现浇框架结构

■ 建筑层数、高度：地上三层、地下一层，建筑高度 13 米

2　建筑概况

表 2-2　建筑概况

序号	项目		内容
1	建筑结构形式	主体结构	框架结构
		基础	独立基础加防水板
2	使用功能		地下室为汽车库、机房、物业用房、公共餐厅及准备间，首层为大堂、办公室、会议室、荣誉展览室、新风机房、电气小间、消防控制室，二三层为办公室、会议室、新风机房、电气小间，顶层为楼梯间、消防水箱间及设备用房，建筑物中部设下沉内庭院，内庭院与地下室设有出入口。
3	建筑面积（m^2）		11250m^2，地下 2903m^2，地上 8247m^2。
4	层数		地上三层，地下一层

续表

<table>
<tr><th>序号</th><th colspan="3">项目</th><th colspan="4">内容</th></tr>
<tr><td>5</td><td colspan="3">建筑层高</td><td colspan="4">地下一层层高 4.50 米，局部 3.55 米；首层层高 4.2 米；二三层为 3.8 米，局部 3.3 米；水箱间层高 3.7 米。</td></tr>
<tr><td>6</td><td colspan="3">建筑标高</td><td>±0.00 绝对标高</td><td>47.25m</td><td>最大基底标高</td><td>-6.32m</td></tr>
<tr><td>7</td><td colspan="3">建筑高度</td><td>13m</td><td>室内外高差</td><td colspan="2">0.45m</td></tr>
<tr><td>8</td><td colspan="3">耐火等级</td><td colspan="4">地下室一级，地上二级</td></tr>
<tr><td rowspan="5">9</td><td colspan="3" rowspan="5">保温做法</td><td colspan="2">外墙外保温粘贴</td><td colspan="2">80 厚膨胀聚苯板</td></tr>
<tr><td colspan="2">玻璃幕墙</td><td colspan="2">100 厚岩棉保温板</td></tr>
<tr><td colspan="2">屋面</td><td colspan="2">60 厚挤塑聚苯板</td></tr>
<tr><td colspan="2" rowspan="2">采暖房间与非采暖房间之间的楼板、室外悬外挑楼板</td><td colspan="2">±0.00 室内板底保温 30 厚膨胀玻化微珠保温砂浆</td></tr>
<tr><td colspan="2">±0.00 室外外露板底为 60 厚挤塑聚苯板</td></tr>
<tr><td rowspan="4">10</td><td rowspan="4">墙体</td><td rowspan="2">地下</td><td>外墙</td><td colspan="4">300 厚钢筋混凝土墙，200 厚陶粒混凝土砌块。</td></tr>
<tr><td>内墙</td><td colspan="4">200 厚陶粒混凝土砌块，防火隔墙为 200 厚加气混凝土砌块。</td></tr>
<tr><td rowspan="2">地上</td><td>外墙</td><td colspan="4">200 厚陶粒混凝土砌块</td></tr>
<tr><td>内墙</td><td colspan="4">200 厚陶粒混凝土砌块，防火隔墙为 200 厚加气混凝土砌块。</td></tr>
<tr><td>11</td><td>门窗</td><td colspan="6">门：外门均采用棕黑色断桥铝合金中空玻璃门，内门除特殊门外（防火门）均为木门，首层主入口门局部采用自动感应门；
窗：外窗均采用棕黑色断桥铝合金中空玻璃窗或铝合金百叶窗，外窗开启部分设纱扇，外窗所有开启扇为上悬窗；
门窗玻璃为浅灰蓝色镀膜玻璃，局部设安全玻璃。</td></tr>
<tr><td>12</td><td colspan="3">外装修</td><td colspan="4">主体采用灰色三色面砖，局部采用白色马赛克、玻璃幕墙；首、二层外露悬挑楼板采用银色铝板吊顶。</td></tr>
<tr><td>13</td><td colspan="3">内装修</td><td colspan="4">内墙、楼地面、顶棚详见下表 2-3“室内装修表”；
油漆工程：按调和漆中级标准施工，金属构件先刷防锈底漆一遍，再刷调和漆两遍；楼梯木扶手刷清漆三遍，金属栏杆刷瓷漆两遍。</td></tr>
<tr><td>14</td><td colspan="3">屋面</td><td colspan="4">二级防水，有组织内排水，三层主体屋面为刚性防水混凝土上人屋面，局部三层及水箱间屋面为水泥砂浆不上人屋面。</td></tr>
<tr><td rowspan="3">15</td><td colspan="2" rowspan="3">防水等级和做法</td><td colspan="2">地下</td><td colspan="3">二级，地下外墙 S6 混凝土自防水与两道 0.7mmGFZ 聚乙烯丙纶复合防水卷材外贴</td></tr>
<tr><td colspan="2">屋面</td><td colspan="3">二级，采用 GFZ 聚乙烯丙纶复合防水卷材</td></tr>
<tr><td colspan="2">室内防水</td><td colspan="3">1.5 厚聚氨酯防水涂膜</td></tr>
<tr><td>16</td><td colspan="3">无障碍设计</td><td colspan="4">首层南侧主入口设置无障碍坡道，东侧男女卫生间各设一套无障碍专用厕位，客梯设置无障碍设施。</td></tr>
<tr><td>17</td><td colspan="3">电梯</td><td colspan="4">设置一部客梯，为无机房电梯。</td></tr>
</table>

续表

序号	项目	内容
18	消防设计	本工程基地内不小于6m宽消防环道，设置三部疏散楼梯，按消防要求划分防火分区，设置防火门。

表2-3　室内装修表

部位	房间名称	楼地面	踢脚	内墙	顶棚
地下室	汽车库	混凝土	水泥	水泥	刮腻子喷涂
	汽车坡道	混凝土	水泥	水泥	刮腻子喷涂
	公共餐厅、物业、走廊	地砖	地砖	乳胶漆	石膏板吊顶
	消防泵房、制冷机房	地砖	地砖	矿棉吸声板	矿棉吸声板
	进排风机房	水泥	水泥	矿棉吸声板	矿棉吸声板
	污水泵房	水泥	水泥	水泥	刮腻子喷涂
	变配电室、弱电室、值班室、电缆分界室	水泥	水泥	水泥	刮腻子喷涂
	厕所、清洁间	地砖	地砖	釉面砖	防水石膏板吊顶
	楼梯间	地砖	水泥	乳胶漆	乳胶漆
首层	大堂、走廊	花岗石	花岗石	花岗岩、乳胶漆	铝合金吊顶
	办公室、会议室	地砖	地砖	乳胶漆	铝合金吊顶
	消防控制室	地砖	地砖	乳胶漆	石膏板吊顶
	新风机房	水泥	水泥	矿棉吸声板	矿棉吸声板
	弱电小间	水泥	水泥	水泥	刮腻子喷涂
	服务器机房	抗静电活动地板	地砖	水泥	刮腻子喷涂
	厕所、清洁间	地砖		釉面砖	防水石膏板吊顶
	楼梯间	地砖	地砖	乳胶漆	乳胶漆
二三层	走廊	花岗石	花岗石	乳胶漆	铝合金吊顶
	办公室、会议室	地砖	地砖	乳胶漆	铝合金吊顶
	新风机房	水泥	水泥	矿棉吸声板	矿棉吸声板
	强、弱电小间	水泥	水泥	水泥	刮腻子喷涂
	厕所、清洁间	地砖		釉面砖	防水石膏板吊顶
	阳台	地砖		瓷质外墙砖	铝合金吊顶
	楼梯间	地砖	地砖	乳胶漆	乳胶漆
机房及水箱间层	设备用房	水泥	水泥	水泥	涂料
	消防水箱间	水泥	水泥	水泥	涂料
	楼梯间	地砖	地砖	乳胶漆	乳胶漆

3 结构概况

表 2-4 结构概况

序号	项目	内容	
1	结构形式	基础结构形式	独立基础加防水板
		主体结构形式	框架结构
2	地基	设计等级	乙级
		类型	天然地基
		持力层土质类别	粉质黏土
		天然地基承载力	140kPa
		地下水	勘察20m深度范围未见地下水，对钢筋、混凝土无腐蚀性
3	混凝土强度等级	基础	C30
		各层梁板及楼梯	C30
		各层柱	C40
		基础垫层	C15
		圈梁、构造柱及过梁	C20
4	抗震设防烈度	8 度	
5	安全等级	二级	
6	钢筋类别	钢筋	HPB235、HRB335、HRB400
		焊条	E43、E50
		钢材	Q235
7	钢筋接头形式	搭接绑扎	直径小于16mm
		直螺纹机械连接	直径大于16mm
8	结构断面尺寸（mm）	垫层厚度	100
		基础抗水板厚度	250、300
		外墙厚度	300、200
		内墙厚度	200
		框架柱横截面	750×750、600×600/750/1200、ϕ600（圆柱）
		框架梁横截面	400×800/650/600/400/450、250×450、300×500/600/650、200×600
		楼板厚度（mm）	100、120、150
9	混凝土碱集料环境类别		地下室及室外结构为二b类，地上结构为一类

4 机电工程概况

表 2-5 给排水工程概况

名称	系统	系统介绍
系统设计	生活给水系统	本工程最高日生活用水量为100m³/d，设计秒流量4.99L/s；由市政给水管网直接供水，供水压力为0.3MPa；本楼局部热水采用电热水器制备，本次设计预留电源。
	中水给水系统	本工程设有中水给水管道系统，用于冲厕所；中水给水设计秒流量4.99L/s；由市政中水管网供给，在市政中水管网未通水之前先接市政自来水，待中水管网供水后改接市政中水。中水给水管道上标注“中水管道”字样或其他明显标志以防误接。
	排水系统	本工程污废水采用合流制，污水经室外排水管道收集至化粪池，经处理后排入市政污水管网；地下室废水由提升泵提升至室外雨水管网。
	雨水排水系统	屋面雨水采用单斗内排水形式，雨水由雨落管排至室外雨水管网或散水，由室外工程考虑回收利用，屋面雨水设计重现期按2年设计；下沉庭院内雨水由雨水口收集至集水坑，再采用提升泵提升至室外，下沉庭院雨水设计重现期按5年设计；室外地面雨水经雨水口、透水花管、透水井等设施或直接采用透水砖渗入地下，多余部分排入市政雨水管网。
	消火栓给水系统	本工程从市政给水管网上引入1根DN200给水管，在建筑红线内构成环状管网；本工程设室内消火栓系统，用水量15L/s，采用临时高压供水系统；消火栓充实水柱不小于10m；每支水枪流量不小于5L/s，消火栓部分明装、部分暗装；地下一层设有消防水池，储存室内消火栓灭火系统、自动喷水灭火系统和室外消火栓系统1次消防水量；室内消火栓给水系统干管成环状管网；在屋顶水箱间内设储存10分钟消防初期用水量的消防水箱1台、消火栓及喷淋系统增压稳压设备1套；室外消火栓消防用水从市政给水管网直接供水，市政水量或水压不足时由消防车从消防水池取水口吸水加压供水。
	自动喷水灭火系统	本工程设喷淋系统，地上办公部分按轻危险级设置，地下车库按中危险二级设计，在地下车库入口设有热风幕，地上、地下均采用湿式报警阀系统。 在室外设两组地下式水泵结合器。 喷头选用：车库内及无吊顶部位采用直立型喷头，有吊顶部位及走道采用吊顶型喷头，地下车库内宽度大于1.2m的通风管道下方增设下垂型喷头。

表 2-6 暖通工程概况

名称	系统介绍
空调系统	本工程采用土壤源热泵式中央空调系统，夏季冷负荷 1326kW，冬季热负荷 870kW；空调水系统为双管异程一次泵系统，经阀门进行冬夏转换，系统工作压力 0.6MPa，采用自动气压稳压膨胀水罐定压；空调风系统地下一层为风机盘管加新风系统（只有加热功能），1~3 层为风机盘管加新风系统。
冷热源设计	地下一层制冷机房设 2 台 PSRHH1801 型螺杆式土壤源热泵冷热水机组，每台制冷量 708kW，提供 7/12 摄氏度空调冷冻水，每台制热量 762kW，提供 40/45 摄氏度空调热水；地下一层制冷机房负责本楼全年空调负荷。
通风系统	地下一层设排风系统 B1P-1，负责地下停车库的平时排风（自然进风）；地下一层设排风系统 B1P-2，负责水泵房、制冷机房及变配电室（自然进风）的平时排风；地下一层设送风系统 B1S-1，负责水泵房、制冷机房区域的平时送风；1~3 层公共卫生间及清洁间等房间设排气扇进行通风换气。

表 2-7 电气工程概况

名称	系统介绍
变配电系统	本建筑物主要用电负荷为照明、空调用电设备、水泵机房等；消防控制室、综合布线室、消防水泵、火灾自动报警、应急照明等为二级负荷，其余为三级负荷。配电电压 380/220v；本建筑物用电设备安装总容量为 838.7kW，总计算容量 655kW，消防设备安装容量为 101kW。 供电电源：外部电源来自园区内的 10kV 开闭站，采用一路电缆埋地入本建筑物地下室的电缆分界室，变配电室内经 10kV 开关柜接至变压器一侧。 低压配电系统：采用干线与放射相结合的方式，照明与一般负荷采用放射式与树干式相结合的配电方式；消防负荷采用 EPS 供电方式；低压电缆从变配电室开关柜经金属桥架引至制冷，水泵房控制室和强电竖井引上至各层。
照明	电光源与灯具采用光效高的光源和效率高的灯具，公共走道、楼梯间采用高效节能灯，地下室、楼梯间、走廊等均设疏散照明；变配电室、消防水泵房、消防控制室等房间设备用照明，消防控制室设集中供电应急电源，其余皆为灯具自带蓄电池，建筑物夜景照明光源用发光二极管或冷光源，以节约能源；本楼光电源采用带电子镇流器或节能型电感镇流器的荧光灯。

续表

名称	系统介绍
防雷接地	本工程按三类防雷建筑物设计防雷，屋顶敷设避雷带，利用建筑物柱内结构钢筋做引下线，利用筏型基础内主钢筋作接地体；低压配电系统的接地形式为TN-S系统，要求PE线与N线自变电所低压开关柜开始分开，不再相连；防雷接地、电气安全接地以及其他需要接地的设备，均共用接地装置；在电缆桥架内敷设一条40×4的镀锌接地扁钢作为线路接地干线。
等电位联结	为用电安全，本建筑物作等电位联结，在地下室变配电室内安装一总等电位联结端子箱，把进出本建筑物的公用设施金属管道、配电柜的PE母排等，通过等电位联结端子板互相联通，在消防控制室、电气小室、浴室等场所做局部等电位；在配电变压器高低压侧各相上装设避雷器，电梯电源箱内、弱电机房及室外照明配电箱加装SPD电涌保护器。
火灾报警与消防控制系统	本建筑物消防等级为二级保护对象；本工程在首层设消防控制室，在办公室等场所设置烟感探测器，在车库内设置感温探测器，在走廊、出入口等处设置手动报警按钮及对讲电话插孔。消防控制室具有接收感烟、感温探测器的火灾报警信号，通过火灾自动报警控制模块对消防泵房内的自喷加压水泵、消火栓加压水泵进行控制。所有消防用电设备均为EPS供电方式。 紧急广播系统：本系统在消防控制室设一套机组和电话，通过报警系统的模块实现对各层的广播控制，可实现火灾时将背景音乐切换到紧急广播上来。 消防系统配线采用阻燃型，明敷设的电缆桥架、金属线槽和管路，作防火处理。
弱电系统	包括有线电视、电话及计算机网络、保安监控等系统。 有线电视系统仅预留放大箱、分支箱的位置；地下室弱电室内预留通向室外的数据光缆，安装总配线架和配线柜，由每层电气小间引出的弱电配线通过走廊吊顶内敷设的金属线槽进入各使用房间；在大堂、电梯厅（前室）、走廊等主要出入口、电梯轿厢内设闭路监视摄像机，主机设备设置在管理室内（与消防控制室合并）。

第3单元　现场条件

本工程位于北京市海淀区东北旺乡中关村软件园D-R14号地西侧，南邻规划3号路，北邻东北旺北路，东邻华力创通软件园研发楼，项目占地面积为1.22公顷。根据招标人带领下的现场查勘，我方了解到的施工现场情况如下：

现场内基本情况：场内地面平整、土质松软、地面开阔；地上架空电线和地下管线等障碍物均已清除；北侧有一排板材搭设的临时用房，但比较破旧，基本没有利用价值；现场引入两个测量控制桩点，分别位于场地红线西北角和西南侧。

现场围挡：施工现场已沿建筑红线设立彩钢板围挡。

现场出入口：出入口开设位置招标人没有特别规定，可根据施工需要由施工方自主确定，但不得破坏现场周围环境，也不能影响周边其他施工方正常施工。

场外情况：本工程施工现场北侧为中关村软件园区绿化带，有一条园区小路紧贴施工现场围挡；南侧为园区机动双车道；西南侧有一条宽约4m的小路；西北侧为网球场；东侧为其他拟建研发楼的施工场地。

工程地质条件：拟建场地的地形地貌为永定河洪积扇的中下部，地层岩性上部以黏性土与粉土为主，其下部以细砂为主，向下粒径逐渐变粗。根据有关资料，场区第四系覆盖层厚度大于50m。拟建场地内地层主要由人工填土层及一般第四系冲洪积的黏性土、粉土、细砂及卵石层构成，属均匀地基。场地内无影响建筑场地稳定性的不良地质作用。

拟建场地原为空地，地形平坦，地面标高约为47.00m，建筑场地类别为Ⅲ类。根据勘察报告拟建场地附近3~5年最高水位埋深为16.00m，本工程基础埋深较浅，可不考虑地下水对拟建建筑物及建筑材料的影响。

第4单元　项目资源需用计划（摘要）

依据施工方案及施工进度计划分析结果：

表 2-8　劳动力计划表

广联达软件园研发楼工程　单位：人

工种	按工程施工阶段投入劳动力情况					
	前期	基础	结构	二次结构	装修	后期
钢筋工	30	80	60	20	15	0
木工	30	80	60	30	40	0
混凝土工	0	15	15	10	10	0
架子工	10	10	15	15	15	5
电工	2	3	3	3	5	3
瓦工	5	5	0	30	10	0
防水	0	20	0	0	10	2
油工	2	0	0	0	80	3
抹灰工	3	8	0	0	50	10
壮工	20	30	30	30	40	20
水暖工	2	5	5	10	50	15
电气工	2	25	25	30	50	15
土方	30	20	0	0	0	0
管理人员	20	20	20	20	20	20
合计	156	321	233	198	395	93

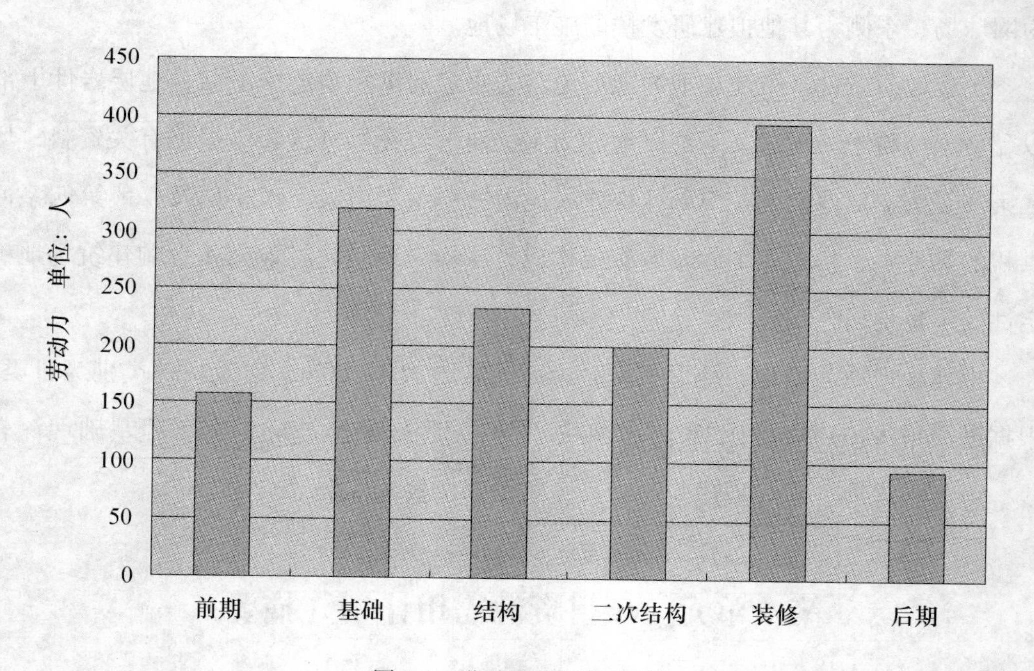

图 2-1　劳动力柱状分布图

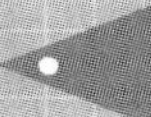

表 2-9　专业分包项目合同签订及进出场时间一览表

序号	专业分包工程名称	合同计划签订日期	进场时间	出场时间
1	电梯设备及安装维修工程	2007 年 5 月	2007 年 6 月	2007 年 10 月
2	通风空调工程	2007 年 3 月	2007 年 4 月	2007 年 10 月
3	精装修工程	2007 年 7 月	2007 年 8 月	2007 年 10 月
4	变配电工程	2007 年 4 月	2007 年 5 月	2007 年 10 月
5	消防工程	2007 年 4 月	2007 年 5 月	2007 年 10 月
6	弱电工程	2007 年 4 月	2007 年 6 月	2007 年 10 月
7	劳务	2007 年 3 月	2007 年 3 月	2007 年 10 月
8	土方工程	2007 年 3 月	2007 年 3 月	2007 年 5 月
9	室内外防水工程	2007 年 3 月	2007 年 3 月	2007 年 9 月
10	玻璃幕墙工程	2007 年 5 月	2007 年 6 月	2007 年 9 月

表 2-10　拟投入的主要机械设备表

广联达软件园研发楼

序号	机械设备名称	型号规格	数量	国别产地	制造年份	额定功率 KF	生产能力	用于施工部位	备注
1	塔吊	QTZ5015	1	中国	1998	110	良好	结构	
2	混凝土电动泵	HBT60	1	中国	2003		良好	基础、结构	
3	挖掘机	EX-300	2	中国	1998	154	良好	土方	
4	提升井架		2	中国	2000	37	良好	结构、装修	
5	交流电焊机	BX1-300	5	中国	2000	21	良好	结构、装修	
6	插入式振捣器	φ50、φ30	3	中国	2002	2.2	良好	基础、结修	
7	钢筋切断机	GQ-40	2	中国	2002	3	良好	基础、结构	
8	钢筋弯曲机	GW-40	2	中国	2000	1.5	良好	基础、结构	
9	钢筋调直机	GT-9	2	中国	2000	1.5	良好	基础、结构	
10	套丝机	JM-GS40	4	中国	2000	1.5	良好	基础、结构	
11	木工电锯	MJ106	2	中国	2004	1.5	良好	基础、结构	
12	木工平刨	MB105	2	中国	2004	1.5	良好	基础、结构	
13	木工压刨	MY106	2	中国	2003	1.5	良好	基础、结构	
14	蛙夯	WH-2	5	中国	1998	1.5	良好	基础、结构	
15	水泵	D25-70 * 8	2	中国	2003	15	良好	结构、装修	

表 2-11　拟投入的主要施工材料、构件用量表

序号	名称	规格	单位	数量	备注
1	组合钢模板	m^2	600 宽、100 宽	800	按两个流水段配
2	顶板模板	m^2	12 厚竹胶板	9000	满配
3	梁模板	m^2	15 厚竹胶板	7500	满配
4	框架矩形柱模板	m^2	18 厚复合多层板	400	按最大流水段配
5	框架圆柱模板	m^2	定型钢模板	50	按每层配
6	木方	m^3	50×100，100×100 木方	300	满配
7	顶板模板支撑	t	碗扣架支撑	150	满配
8	龙骨	t	Φ48 钢管	15	按最大流水段配
9	穿墙螺栓	根	Φ14	2000	满配
10	外架钢管	t	Φ48 钢管	50	围护、防护需要

表 2-12　主要材料设备进场计划表

材料设备名称	按工程施工阶段投入主要材料设备进场情况		
	基础	结构	装修
塔吊	2007. 3	2007. 4	
混凝土泵	2007. 3	2007. 4	
挖掘机	2007. 3		
井架			2007. 6
墙体组合钢模板	2007. 3		
顶板模板	2007. 4	2007. 5	
框架柱、梁模板	2007. 4	2007. 5	
木方	2007. 4	2007. 5	
顶板模板支撑	2007. 4	2007. 5	
龙骨	2007. 4	2007. 5	
穿墙螺栓	2007. 4	2007. 5	
外架钢管	2007. 4	2007. 5	2007. 6

第5单元　主要分项工程施工方案和技术措施（摘要）

通过对分项工程施工方案的分析，与平面图设计相关内容如下

1　土方工程方案

1.1　由北向南进行土方大开挖至基底设计标高，采取机械挖土，安排两台EX-300反铲挖土机进行挖土，人工配合清槽。开挖土方除回填用土全部外运。

1.2　在现场出入口设置两个高效洗车池，将土车清洗干净后由现场进入正式行车道路，以避免土方车辆所带的土污染路面，洗车池距离正式行车道应有一定的距离，以免土车污染附近的马路达不到环保的要求。

1.3　为保证土方施工的环保要求，可采用洒水车随时对道路进行喷淋来降尘，维护施工现场的空气清新。

2　钢筋工程方案

由钢筋工长提出钢筋加工单，原材进场后，在现场进行配料、加工。钢筋成型后，按规格、尺寸、使用部位分别码放并垫好垫木。

注：钢筋为现场加工。

3　模板工程方案

根据施工图纸进行模板设计及计算。

3.1　基础垫层采用100mm×100mm木方，底板外侧采用砌块砖模。

3.2　地下墙体采用600宽组合钢模板和100宽钢模板组拼，墙体龙骨采用$\Phi48$钢管龙骨，墙支撑加固用$\Phi48$钢管，墙体采用穿墙螺栓（地下外墙为加焊止水片的防水螺栓）等。

3.3　框架矩形柱模板采用18mm厚复合多层板模板，模板横向采用$\Phi48$钢管主龙骨（柱箍），竖向次龙骨为50mm×100mm木方，次龙骨间距0.25m，主龙骨间距0.6m。斜撑为$\Phi48$钢管和可调U形托，上下三道，花篮螺栓校正柱垂直。

3.4　圆柱采用玻璃钢模板。

3.5　顶板模板采用12mm厚竹胶板模板，主龙骨采用100mm×100mm木方，

间距1200mm，次龙骨采用50mm×100mm木方，间距200mm。

顶板支撑系统为碗扣式脚手架加U形可调支托，下部垫50mm厚通长木板，支撑立杆间距900mm×900mm。

3.6 框架主次梁模板采用15mm厚竹胶板模板，梁底设三根纵向主龙骨，采用50mm×100mm木方，间距根据梁宽确定；梁下部横向龙骨采用100mm×100mm木方，间距900mm；梁侧竖向及斜向龙骨采用50mm×100mm木方，梁侧龙骨间距600mm。

梁模板支撑系统为碗扣式脚手架加U形可调支托，下部垫50mm厚通长木板，支撑立杆纵向间距900mm×900mm，横向间距根据梁宽确定，支撑立杆之间采用钢管靠碗扣件拉结（上中下共三道）。

3.7 楼梯模板采用15mm厚竹胶板模板，主龙骨采用100mm×100mm木方，间距900mm，次龙骨采用50mm×100mm木方，间距250mm，支撑系统为碗扣式脚手架加U形可调支托，下部垫50mm厚通长木板，支撑立杆间距900mm×900mm，支撑立杆之间采用钢管靠碗扣件拉结（上中下共三道）。模板隔离剂采用水性脱模剂。

3.8 模板配置量

1. 地下墙体模板：按最大流水段配置两段组合钢模板；

2. 框架柱模板：按最大的流水段配备；

3. 顶板、梁模板及支撑按工程需要量满配。

4 混凝土施工方案

4.1 预拌混凝土搅拌站的选择：

结合本工程的特点，为保证混凝土工程质量，全部采用预拌混凝土。要求预拌混凝土搅拌站必须保证预拌混凝土日生产能力达到3000m^3，持续运输能力不少于110m^3/h。

4.2 混凝土输送泵的设置：

采用拖式电动泵一台，型号HBT60，可满足混凝土的浇筑要求。

4.3 混凝土的运输：

预拌混凝土场外运输全部由混凝土罐车运至现场，用泵管及布料杆将混凝土送到浇筑部位。

4.4　设置三级沉淀池，清洗混凝土泵车、搅拌车的污水经过沉淀后还可用作现场洒水降尘、混凝土养护等重复利用。

5　二次结构施工方案

5.1　本工程二次结构：外围护墙和内隔墙为陶粒混凝土空心砌块墙，防火墙为加气混凝土空心砌块墙。

5.2　现场进一台砂浆搅拌机搅拌，计量时采用质量比，计量精度为水泥控制在 ±2%，砂控制在 ±5% 以内。

5.3　物料提升井架：本工程布置两台物料提升井架解决二次结构及装修期间现场施工垂直运输要求。

6　外檐装修施工方案

外装修采用电动吊篮，便于外装修施工。

7　室内装修施工方案

7.1　楼地面：混凝土、地砖、水泥、花岗石、抗静电活动地板。

7.2　内墙面：水泥、乳胶漆、矿棉吸声板、釉面砖。

7.3　顶棚：刮腻子喷涂、乳胶漆、涂料、矿棉吸声板、石膏板吊顶、铝合金吊顶。

第3章 施工平面布置

第1单元　原则

通过对招标文件、工程技术规范、答疑文件的学习，我们已经充分理解了本工程的重要性。施工现场作为展现我公司形象的窗口，充分考虑了施工活动对社会的影响，对资源的节约和保护。为满足工程建设顺利进行，我们应对工程建设的各个阶段的平面布置进行策划和部署。

现场设施布置按照招标文件及业主要求围绕以下几个方面进行布置：

1. 文明施工与环境保护方面：安全警示标志牌、现场围挡、八牌一图、企业标志、场容场貌、材料堆放、现场防火、垃圾清运；

2. 临时设施方面：现场办公生活设施、施工现场临时用电（配电线路、配电箱开关柜箱、接地保护装置）；

3. 安全施工方面：临边洞口交叉、高处作业防护（楼板、屋面、阳台等临边防护，通道口防护，预留洞口防护，电梯井口防护，楼梯边防护，垂直方向交叉作业防护，高空作业防护）；

4. 在本项目施工过程中，小区范围内的室外配套工程将施工，我们将积极配合调整施工现场临设布置，搬移部分设施。

满足上述要求的同时，按以下原则进行施工现场布置：

1. 所有临时设施的设计和设置均从对环境的影响、能源的消耗、资源的保护及各种污染的有效控制等角度出发。现场布置考虑大气污染特别是扬尘污染控制的措施、水体污染控制及再利用的措施、现场低噪音施工措施和减噪措施、光污染控

制措施等；

2. 在平面布置中对施工机械设备、办公、道路、现场出入口、临时堆放场地等的优化合理布置，将长期设施设置在调整最小的位置内；

3. 在现场交通组织上，充分考虑现场大型机械设备安装和重型车辆的进出场问题，同时考虑现场消防要求，合理设置交通出入口，解决现场高峰期的交通压力；

4. 在物流组织上，尽量避免土建、安装专业施工相互干扰，优化物流组织程序，做到短距离灵活配送的要求；

5. 施工用房布置考虑分包单位进出场时间、劳动力计划曲线，合理安排办公用房和生活用房设置时间，以减少措施费用；

6. 施工材料堆放应尽量设在水平运输机械的行程范围内，减少发生二次搬运；

7. 现场临时设施和场地铺装的设计以绿色施工为指导方针，重视减少对资源的消耗、减少废弃物的排放、减少对环境的影响。设立环境保护设施制定环境保护方案；

8. 符合施工现场卫生及安全技术要求和防火规范。

第2单元　施工现场平面布置

1　基础阶段现场平面布置

基础阶段现场平面布置详见附录一　6-2-1：基础施工阶段现场总平面图。

1.1　施工场地、围挡及出入口

根据招标文件及答疑文件圈定的范围，经实地查勘，现场已圈定范围沿用原有围挡，其余部位采用彩板围挡，围挡高2.5m，底部做200高砖砌基础。

现场出入口设置在场地东南侧及西南侧，施工用的主要材料及车辆由此进出。

施工现场所用围墙形式须符合业主和公司CI的要求，并按照业主同意的颜色和图案进行油漆。围墙封闭严密、完整、牢固、美观。在西南侧正门的明显位置设置统一式样的“一图八牌”，即现场组织机构图、现场总平面图、安全生产制度、消防保卫制度、现场质量管理制度、成品保护制度、环境保护制度、文明场容与料具管理、生活卫生管理制度。所有标识字体清晰，工整美观，内容详细。

1.2　场地铺装和道路系统

根据现场条件，场内道路宽度为4.5米，形成环形车道。

现场道路采用C15细石混凝土100mm厚。

为避免扬尘对场外环境的影响，现场土壤裸露的部位及需垫高的道路均铺设碎石。

为充分体现绿色施工的精神，我公司将对施工现场内拟建工程范围以外的植被进行保护。对现场绿色植被的保护将包括绿网苫盖、设专人看护等多种形式。现场洗车，冲泵用水经反复沉淀后可用于浇花。

1.3　塔吊布置

根据便于吊运和拆卸、利于拉接、保证吊次、方便施工以及确保施工进度的原则，土建结构阶段投入1台塔吊。

塔吊立于建筑物西北侧，位于基坑里，塔吊基础施工和塔吊安装在进场后立即插入，要在基础底板施工前完成。

1.4　混凝土输送泵布置

设置拖式混凝土电动泵1台，型号HBT60。

基础底板、外墙混凝土在施工时根据情况可增加汽车输送泵，防止意外情况发生，影响施工进度。

混凝土泵用电缆须预盘地上结构施工位置，调整增加的长度。

混凝土输送泵设隔音棚，外围护墙及顶板采用10cm厚彩钢，可以有效隔绝施工噪声对周边环境的影响。

混凝土泵周围设集水坑，集水坑设置在靠进料口一侧，冲泵用水通过集水坑初步沉淀后进入三级沉淀池反复使用。

1.5　垃圾回收站

为便于施工垃圾及时外运，现场设置封闭式垃圾回收站。回收站分为可回收及不可回收区，主要用于存放施工中的渣土、废旧电池、含油污物等。

1.6　料场

现场场地足够，设回填土料场；

现场设模板、架木具及钢筋料场；

现场设钢筋及架木具大型堆场，堆场靠近在施工程，方便材料通过塔吊导运，临时料场设置尽量靠近槽边，以不占用道路为前提。

1.7　加工棚

加工棚设置在料场内，主要进行现场架木具及钢筋加工。

加工棚采用10厚彩板搭设，最大限度减少施工噪音对周围环境的影响。加工棚内配置木工电锯、平刨、压刨、钢筋套丝机、切断机等加工机械。

1.8　库房

现场设水电、设备、分包等库房，库房设在场地北侧，临时道路旁，方便材料运输，主要用于存放粉状颗粒物、液体涂料、手动工具、主要设备零部件等材料。现场库房采用陶粒砌筑，地面C15细石混凝土硬化，屋面做油毡防水。

1.9　厕所

现场南侧设置固定厕所，厕所经测算可以满足施工高峰期间400人的使用。

现场厕所采用陶粒砌筑，屋面做油毡防水。

厕所定期派人打扫消毒，确保不污染周边水体及土壤，保证现场清洁美观。

厕所旁做8#化粪池，清掏周期为180天。

2　主体结构施工阶段现场平面布置

结构施工阶段现场平面布置详见附录一　6-2-2：结构施工阶段现场总平面图。此阶段现场围挡、暂设、材料加工及堆放场地均不作调整，基坑东侧土方回填后，现场道路围绕建筑物形成环路。土方回填后对楼边临时料场进行适当调整。

2.1　料场

场地回填后，对场内料场进行调整，将原来槽边的临时料场尽量挪至楼边及临时道路两侧塔吊覆盖范围内。

为减少现场扬尘，料场均采用碎石覆盖，其中模板堆放场地还应进行土方平整及夯实，并定期派专人检查，防止出现模板倒塌事故。

2.2 现场道路

土方回填后现场道路适当加宽，以缓解场内施工高峰期的交通压力。

3 装修阶段现场平面布置

1. 装修阶段的平面布置详见附录一 6-2-3：装修施工阶段现场总平面图；

2. 现场垂直运输机具；

3. 装修期间设两台施工井架。井架搭设在2007年6月中旬插入，保证楼内二次结构施工；

4. 装修施工阶段现场布置不做重大变化，只对现场料场范围及堆放材料做局部调整。

4 室外工程施工阶段场地的调整

进入工程后期，我方将按照甲方要求对现场进行调整，现场布置以方便场外环境恢复，配合大市政施工为前提，以绿色施工为指导方针，注重环境的保护，资源的重复利用，减少废弃物的排放。

5 现场办公区

5.1 现场办公楼

在场地南侧设置办公楼，办公楼为两层彩板结构。楼地面贴地砖，顶板吊顶。办公楼外地面贴嵌草水泥砖。办公楼周围种植爬蔓类耐旱植物绿化。

5.2 现场实验室布置

实验室布置在场地南侧。实验室地面用C15细石混凝土硬化抹防水砂浆，墙面采用陶粒轻型砌块砌筑，屋面为彩钢，室内应配备空调、温湿度控制仪、喷淋头、养护池、试件架等必备设施，确保混凝土试件的正常养护。

5.3 绿化带

绿化带位于现场办公区和办公车辆出入口，有助于美化办公区办公环境，防止扬尘污染。

6 生活区

经测算本工程施工高峰期间需人员约400人（含分包施工人员），现场生活区

布置要考虑满足人员住宿的需求。

6.1　职工宿舍

生活区内宿舍楼为2栋三层水泥板房，以$2m^2$/人计，能满足施工高峰期间400人的居住问题。宿舍楼楼边种植绿色耐旱爬蔓类植物。美化环境，减少扬尘。

6.2　生活区厨房、食堂

生活区内设置职工食堂及厨房，共$60m^2$，可以满足施工高峰期职工用餐需求。

职工食堂：地面贴防滑地砖，室内设用餐桌椅，两侧为洗手池，含油污水通过污水管道排入隔油池。

厨房：生活区厨房紧挨食堂，顶板为铝塑板吊顶，地面贴防滑地砖，设环形排水明沟，冲洗厨房的含油污水通过暗埋管线进入隔油池。

隔油池：在食堂东侧设置一个$3.8m^3$隔油池，含油的生活用水通过隔油池反复沉淀后排入市政污水管网。隔油池应定期派人清掏，防止油污堵塞管线。

7　环境保护设施

7.1　大气污染控制设施

密闭式废弃物收集容器：为了避免现场办公区、生活区和施工过程中产生的固体废弃物对环境的污染，现场设密闭式废弃物收集器，容器分散设置在场地内，尽量靠近垃圾回收站，便于清运。废弃物收集器分可回收和不可回收两种，对旧电池、日光灯管、废胶片、含油含漆废弃物等进行收集。

垃圾回收站：在施工中产生的渣土、建筑废料等不可回收资源要集中堆放。回收站地面采用100厚C15混凝土硬化，三面设置砖砌围墙，正面为钢制合页门，屋面采用油毡压顶。垃圾回收站派专人进行垃圾分类，以保持存放点周边的环境卫生。

车辆冲洗设施：在场地的出入口设置高压洗车池。车辆出场前应对轮胎及车身进行清洗，防止带出的泥沙造成对环境的污染。现场洗车池污水通过排水明沟及暗管进入三级沉淀池，经沉淀后的净水应反复使用，既能清洗车辆设备合理利用水资源，又可作为工地防扬尘的喷洒用水。净化池中的废渣、石料、粉尘要及时清运，按建筑垃圾处理。

防尘隔离网：建筑物外围立面采用密目安全网封闭，降低楼层内风的流速，阻挡扬尘影响周围环境。

7.2 防止水体污染设施

三级沉淀池：在场地出入口设置一个 12m^3 的三级沉淀池，主要收集洗车及冲泵用水。经过三级沉淀后的洁净水，通过潜水泵抽到地面用作路面喷洒、治理扬尘、浇灌现场绿色植被等。

隔油池：在生活区设置一个 3.8m^3 隔油池，含油的生活用水通过隔油池反复沉淀后排入市政污水管网。隔油池应定期派人清掏，防止油污堵塞管线。

排水沟：洗车池旁设置排水明沟，将污水通过明沟汇集到三级沉淀池中。明沟篦子采用 Φ25 钢筋现场焊接。

7.3 防止噪声污染设施

现场加工棚采用 100 厚彩板搭设，有效吸收施工噪声，以减少对环境的影响。

7.4 防止光污染设施

为满足夜间施工要求，在场地四周设置烯灯及碘钨灯，烯灯及碘钨灯尽量选择既能满足照明要求又不刺眼的新型灯具。

8 现场临时用水方案

8.1 现场临水布置

本工程现场临时供水管（镀锌钢管 DN100）由南侧水表井引入，并沿道路成环状布置，设一个地下式消火栓，有效范围 50m。

临时用水水量设计

（1）消火栓系统用水量：本工程设计同一时间内火灾发生次数为 1 次，室外消火栓系统用水量为 30L/s，室内消火栓用水量设计为 30L/s，消火栓系统总用水量为 $q_1 = 60\text{L/s}$。

（2）施工生产用水量计算

施工现场以混凝土养护为主要耗水量项目，本工程基础及主体结构工期约 60 天，混凝土养护的耗水量标准为 400L/m^3 混凝土，未预见系数取 1.15，则主要的生产用水量为：

$$q_2 = 2 \times 60 \times 400 \times 1.15/400 \times 24 \times 3600 = 2.1\text{L/s}$$

8.2 室内、外消火栓系统设计

1. 室外消火栓系统

本工程现场临时供水管（镀锌钢管DN100）由现场西南角经水表井引入，并沿道路成环状布置，每隔50米设地下式消火栓。

2. 室内消火栓系统

室内消火栓系统采用临时高压消防给水系统，现场东北角设临时消防泵房，泵房从消防水池内吸水。现场供水干管与临时消防泵房之间设跨接管，在地下室施工阶段、现场没有火灾发生且市政水压可以满足生产用水时，跨接管上阀门为常开，加压泵不运行，整个室内给水系统为低压；当地上施工至3层时，市政水压无法满足生产用水需求或有火灾发生时，可将跨接管上阀门关闭，开启加压泵，使室内消防及生产给水系统成为加压系统。

由于是临时消火栓系统，故按一股充实水柱到达任何部位考虑，按照室内消火栓保护半径不超过25m，即室内消火栓间距不大于50m的原则，采用DN150供水干管向上引DN100的消防竖管，室内消防竖管的位置可以根据施工时现场的实际情况调整。消防竖管上每层设置室内消火栓，室内消火栓设计采用19mm喷嘴，Φ65栓口，25m长麻质水龙带。

8.3 生活/生产给水系统

根据需要由现场供水管预留口处接出，分别供给总包办公室及专业分包办公室、厕所等处及生产用水。施工现场各预留用水点的支管不单设阀门井，只在立管上设阀门控制。

8.4 排水系统

本方案设计污/废水合流排放。保留原有排水设施，根据用水点的增减作相应的补充。

管材设计：本方案室内消防给水管及生产用水管道采用焊接钢管，排水系统采用排水铸铁管。见附录一 6-2-4：现场临水临电平面布置图。

9 现场临时用电方案

9.1 施工现场临时用电的技术方案

项目部电气工程师在布置施工现场临时用电前，应了解土建施工的特点，按基础施工、结构工程、装修工程三个不同阶段通盘考虑，精心设计施工现场临时用电技术方案，使技术方案具有前瞻性、预见性，充分发挥施工现场临时用电技术方案的效应，降低项目部的临时设施费用，提高项目部的经济效益。

施工现场供电系统严格执行TN-S系统，详见附录一 6-2-4：现场临水临电平面布置图。供电线路采用五芯电缆，施工现场供电系统做到“三级配电”和“两级保护”，施工现场的电动机具应严格执行“一机一闸”“一漏一箱”的标准要求。

总电源→一级配电柜→二级配电箱→三级开关箱→用电机具

9.2 施工现场临时用电计算

1. 根据施工现场业主提供的电源接出二级箱，现场采用TN-S三相五线制供电。

2. 主要施工机械及临电负荷见附表2-13。

表2-13 主要施工机械用电负荷

序号	机械设备名称	规格型号	单位	数量	生产厂家	购置时间	额定功率kW/台	总功率
1	塔式起重机	QT5015	台	1	抚顺	1998	110	110
2	施工井架		台	2	北京	2003	37	74
3	电焊机	BX-300	台	5	北京	1998	21	105
4	钢筋切断机	GQ-40	台	2	河南新乡	2000	3	6
5	钢筋弯曲机	GW-40	台	2	河南新乡	2000	1.5	3
6	钢筋调直机	GT-9	台	2	河南新乡	2002	1.5	3
7	套丝机	JM-GS40	台	4	河南新乡	2002	1.5	6
8	木工电锯	MJ106	台	2	北京	2000	1.5	3
9	木工平刨	MB105	台	2	北京	2000	1.5	3
10	木工压刨	MY106	台	2	北京	2000	1.5	3
11	插入式振捣器	ϕ50、ϕ30	台	3	上海	2004	2.2	6.6
12	蛙夯	WH-2	台	5	北京	2004	1.5	7.5
13	水泵	D25-70×8	台	2	北京	2003	15	30

3. 用电量计算

电动机合计功率：$P_1 = 246.1\text{kW}$

电焊机合计功率：$P_2 = 105\text{kVA}$

系数取值：K_1 取 0.6

K_2 取 0.5

功率因数 $\cos\phi$ 取 0.75

总用电量计算：$P_{总} = 1.05(K_1 \times P_1/\cos\phi + K_2 \times P_2 + 100) \times 1.1$

$= 1.05\ (0.6 \times 246.1/0.75 + 0.5 \times 105)\ \times 1.1$

$= 287.5\text{kVA}$

4. 现场临电设置

1）电源：根据业主提供的西南侧电源位置，用电缆引至本工程施工现场一级箱，并由一级箱引至施工区、加工作业区、生活区及办公区。各设二级配电箱，均采用三相五线 TN-S 制供电。具体位置详见附录一 6-2-4：现场临水临电平面布置图。

2）临电敷设：现场采用 TN-S（三相五线制）接零保护系统。

电缆从二级电箱引到施工作业面或结构层，从建筑的预留孔洞处向上引电缆到作业面，并且设立三级电箱（带外插孔式活动电箱），电缆在每个三级电箱处预留 2.5m，盘于电箱下，三级电箱应隔层设置，中间连接的电缆考虑到楼层较高，电压损失等因素，应采用不小于 25mm^2 橡胶套电缆。电箱位于风口边，不允许随意搬动。

在装修施工时，考虑到预留孔洞的封堵，每个电缆在接线前要加塑料管，以便于装修施工电缆穿墙使用。

在加工区及设备使用处，不能将设备直接和二级电箱连接，必须设置三级电箱，手提工具应加设手提电箱，确保“一闸一机”，使用安全。

9.3 施工现场临时用电的管理规定

9.3.1 安全距离与外电防护

不得在高、低压线路下方施工和搭设临时设施或堆放物件、架具及其他周转材料。

9.3.2 安全距离

1. 在建工程（包括脚手架）的外侧与架空线路之间的最小安全距离为1kV不小于4m，1~10kV不小于6m，35~110kV不小于8m。架空导线最大弧垂与施工现场地面最小距离≥4.0m。

2. 起重臂或被吊物边缘与10kV的架空线路水平距离≥2m。

3. 机动车道与外电架空线路交叉的最小距离1kV以下为6m，10kV以下为7m。

9.3.3 外电防护

1. 在达不到安全距离要求的情况下，必须采取防护措施，增设屏障、遮栏、围栏或保护网，并悬挂醒目的警告标志牌。

2. 带电体至遮栏的安全距离为：10kV应大于95cm；35kV应大于115cm。

3. 带电体至栅栏（封闭）的安全距离为：10kV应大于30cm；35kV应大于50cm。

4. 在架设防护设施时，应由项目部暂设电工负责监护。

9.3.4 供电线路

架空线路最少截面：为满足机械强度要求，铝线≥16mm²，铜线≥10mm²。

电线接头：在一个档距内，每层架空线接头不得超过该层导线50%，且一根导线只允许一个接头，跨越道路、河流档距内不得有接头。

电杆档距：最大不超过35m，线间距不得小于0.3m，上下横担间高压与低压1.2m，低压与低压0.6m。

电杆及埋设：电杆应选用钢筋混凝土杆或木杆，其稍径不得小于13cm，埋设深度为杆长的十分之一加0.6m。

拉线：拉线宜用截面不小于$\Phi 4\times 3$的镀锌钢丝、拉线与电杆的夹角应在45°~30°之间，埋地深度不小于1m，钢筋混凝土杆上的拉线应在高于地面2.5m处装设拉紧绝缘子。

室内配线：进户线过墙应穿管保护，距地面不得小于2.5m，并采取防雨措施，室外配线应采用绝缘子固定。

9.3.5　电缆线路

电缆干线采用埋地敷设，严禁沿地面明设，并避免过路车辆的碾压。

电缆穿越建筑物、构筑物、道路、易受机械损伤的场所及引出地面从2m高度至地下0.2m处，必须加设保护套管。

临时电缆配电采用电缆埋地引入。电缆垂直敷设的位置充分利用在建工程的竖井、电梯井，并应靠近用电负荷中心，每施工段固定设置两处。电缆水平敷设宜沿墙或门口固定，最大弧垂距地不小于1.8m。

9.4　配电柜、配电箱及开关箱

配电系统应设置总配电柜和分配电箱，实行分级配电。室内总配电柜的装设应符合下列规定：

1. 配电柜正面的通道宽度，单划不小于1.5m，双划不少于2m，后面的维护通道为0.8m（个别部位不许少于0.6m），侧面通道不少于1m；

2. 配电室的天棚距地面不低于3m；

3. 在配电室设置值班室或检修室时，距配电柜的水平距离大于1m，并采取屏障隔离；

4. 配电室门应向外开；

5. 配电箱的裸母线与地面垂直距离少于2.5m时采用遮栏隔离，遮栏下面通道的高度不少于1.9m，配电装置的上端距天棚不少于0.5m；

6. 裸母线应涂刷有色油漆，并应符合附表2-14规定；

表2-14　母线涂色表

相别	颜色	垂直排列	水平排列	引下排列
A	黄	上	后	左
B	绿	中	中	中
C	红	下	前	右
N	黑			

7. 配电柜应按规定装设有功、无功电度表及分路装设电流、电压表；

8. 配电柜应装设短路、过负荷保护装置和漏电保护开关；

9. 配电柜柜门内侧应标有配电系统图；

10. 配电柜或配电线路维修时，应挂停电标志牌。停、送电必须由专人负责。

配电箱：动力配电箱与照明开关箱分别设置，如合用一个配电箱，动力和照明线路分别设置。配电箱设在靠近电源的地区，且装在用电设备或负荷相对集中的地区。配电箱与开关箱的距离不得超过30m。开关箱与其控制的固定用电设备的水平距离不超过3m。

配电箱、开关箱周围应有足够二人同时工作的空间和通道、不得堆放任何妨碍操作、维修的物品。配电箱、开关箱采用铁板材料制作。安装端正牢固，箱下底与地面的距离在1.3～1.5m之间。

移动式开关箱装在坚固的支架上，下底离地面0.6～1.5m。进出线必须采用橡皮绝缘电缆。

配电箱、开关箱内的开关电器元件（含插座）紧固在电器布置板上，并便于操作（间隙5cm），不得歪斜和松动。电线用绝缘导线，剥头不得外露，接头不得松动。

箱内的工作零线应过接线端子排连接，并应与保护零线接线端子分设。

箱体的金属外壳作保护接零（或接地），保护零线必须通过接线端子排连接。

配电箱、开关箱必须防雨、防尘，并要求上部为电源线缆进入端，线缆的进线口和出线口应设在箱体的下部。

进、出线应加护套分路成束并做防水弯，线缆束不得与箱体进出口直接接触。

9.5 电器装置的选择

配电箱、开关箱内的电器元件必须可靠完好，不准使用破损、不合格的电器元件。熔断器的熔体应与用电设备容量相适应。

配电柜或配电箱均应装设总闸隔离开关和分路隔离开关，总熔断器和分路熔断器（或总自动开关和分路自动开关）以及漏电保护器（若漏电保护器同时具备过负荷和短路保护功能，则可不设分路熔断器或分路自动开关）。

每台设备应有独立的开关箱，实行“一机一闸”制，严禁用一个自动开关直接控制两台或两台以上用电设备（含插座）。

现场用电设备除作保护接零外，必须在设备负荷线的首端处安装漏电保护器。

购置漏电保护器必须是国家定点生产厂或经过有关部门正式认可的产品。对新购置或搁置已久重新使用和使用一个月以上的漏电保护器应认真检验其特性，发现问题及时修理或更换。使用于潮湿和腐蚀介质场所的漏电保护器应采用防溅型产品。

9.6　使用与维护

所有开关箱箱门加锁，并由项目部暂设电工负责管理，开关箱应标明用途。

配电箱、开关箱应每月检查、维修两次，必须由项目部暂设电工进行。电工必须按规定穿戴好防护用品和使用绝缘工具。

送电操作过程：一级配电柜→二级配电箱→三级开关箱；

停电操作过程：三级开关箱→二级配电箱→一级配电柜（特殊情况除外）；

施工现场停电一小时以上时，应切断电源，锁好开关箱。

配电箱、开关箱内不得放置任何杂物，并应保持清洁。

熔断器的熔体（保险丝）更换时，严禁用不符合规格的熔体或其他金属裸线代替。

9.7　照明

1. 在一个工作场所内，不得只装设局部照明。

2. 在正常湿度时，选用开启式照明灯具。

3. 在潮湿或特别潮湿的场所，选用密闭型防水防尘照明灯具或配有防水灯头的开启式照明灯具。

4. 对有爆炸和火灾危险的场所，必须安装与危险场所等级相适应的照明灯具。

5. 在振动较大的场所，选用防振型照明灯具。

6. 照明灯具和照明光源的质量应合格，不得使用绝缘老化破损的照明灯具和照明光源。

7. 在特殊场所照明应使用安全电压照明灯具，在潮湿和易触及带电体场所电压不大于24V，在特别潮湿的场所和导电良好的地面或金属器内工作照明灯电压不得大于12V。

在单相及二相线路中零线与相线截面相同；在三相四线制线路中，当照明灯为白炽灯时，零线截面为相线截面的二分之一，当照明灯具为气体放电灯或逐相切断的三相照明电路中零线截面按最大负荷相的电流选择。

照明灯具的金属外壳必须做保护接零。单相照明回路的开关箱内应设置漏电保护器，实行左零右火制。

室外灯具距地面不得低于3m，室内不得低于2.5m。

螺口灯头的绝缘外壳不得有损伤和漏电，火线（相线）应接在中心触头上，零线接在螺口相连的一端。

暂设工程的灯具宜采用拉线开关，拉线开关距地面2～3m，其他开关距地面高度为1.3m，与出入口的水平距离为0.15～0.2m。

灯具的相线必须经开关控制，不得将相线直接引入灯具。

不得把照明线路挂设在脚手架以及无绝缘措施的金属构件上，移动照明导线应采用软橡套电缆。手持照明灯具应使用安全电压，照明零线严禁通过熔断器。

9.8 接地与防雷

在施工现场专用的中心点直接接地的电力线路中，必须采取接零保护系统。电器设备的金属外壳必须与专用保护零线连接。专用保护零线应接地，配电室零线或第一级漏电保护器电源侧的零线引出。

当施工现场与外电线路共用同一供电系统时，电气设备应根据当地的要求作保护接零或作保护接地。不得一部分设备作保护接零，另一部分设备作保护接地。

保护零线不得装设开关或熔断器。保护零线应单独设置，不作他用，重复接地线应与保护零线相连接。保护零线使用铜线不小于10mm^2，铝线不小于16mm^2，与电气设备相连的保护零线可用不小于2.5mm^2 绝缘多股铜线。保护零线统一标志为绿/黄双色线，任何情况下不准使用绿/黄双色线作负荷线。

电力变压器或发电机的工作接地电阻值不得大于4Ω。保护零线除必须在配电室或总配电箱处作重复接地外，还要在配电线路的中间处和末端处做重复接

地。重复接地电阻值不大于10Ω，不得用铝导体做接地体，垂直接地体不宜采用螺纹钢。

垂直接地体应采用角铁、镀锌铁管或圆钢，长度2.5m，露出地面10～15cm，接地线与垂直接地体连接应采用焊接或螺栓连接，禁止采用绑扎的方法。施工现场所有用电设备，除作保护接零外，必须在设备负荷线的首端处设置漏电保护装置。

施工现场的起重机等设备若在相邻建筑物、构筑物的防雷屏蔽范围以外，应安装避雷装置。避雷针长度为1～2m，可用Φ16圆钢端部磨尖。避雷针保护范围按60°遮护角防护。

9.9　临时设施内容、数量、面积表

临时用地详见附表2-15。

表2-15　临时用地表

广联达软件园研发楼工程

用途	面积（平方米）	位置	需用时间
办公室	240	详见平面图	2007.3-2007.10
职工宿舍	800	详见平面图	2007.3-2007.10
厨房	30	详见平面图	2007.3-2007.10
食堂	30	详见平面图	2007.3-2007.10
厕所	30	详见平面图	2007.3-2007.10
淋浴间	20	详见平面图	2007.3-2007.10
垃圾站	25	详见平面图	2007.3-2007.10
试验室	24	详见平面图	2007.3-2007.9
养护室	18	详见平面图	2007.3-2007.9
仓库	90	详见平面图	2007.3-2007.10
架木具料场	100	详见平面图	2007.3-2007.10
钢筋料场	100	详见平面图	2007.3-2007.6
砌块料场	168	详见平面图	2007.6-2007.7
砂石料场	96	详见平面图	2007.6-2007.10
回填土堆场	500	详见平面图	2007.3-2007.5
钢筋加工区	100	详见平面图	2007.3-2007.6
木工加工区	100	详见平面图	2007.3-2007.9
水电加工区	100	详见平面图	2007.3-2007.10
现场道路	1000	详见平面图	2007.3-2007.10

下篇
梦龙平面制作系统
及编制参考资料

第1章　安装与设置

第1单元　系统简介

梦龙平面制作系统 MrSite，是用于项目招投标和施工组织设计绘图的专业软件，可帮助工程技术人员快速、准确、美观地绘制施工现场平面布置图，并可作为一般的图形编辑器。它是“梦龙智能项目管理软件”的系列产品之一。

随着企业参加竞标次数的增多，招投标的时间也随之紧迫，快速制作一套理想的标书已成为必然。那么应用本软件将会使标书的准备工作变的越来越轻松，从而提高办公效率、节省时间，为中标打下良好的基础，也为今后的施工管理提供方便。

第2单元　安装与卸载

开始前的准备：在购买“梦龙平面图制作系统 MrSite”（以下简称“梦龙 MrSite”）之后，请仔细阅读本章内容，并按照要求安装和设置系统。

在开始安装“梦龙 MrSite”之前，请检查包装盒中是否含有如下内容：

■ “梦龙 MrSite” 系统光盘一张

■ 软件加密锁一只

■ 用户手册一本

■ 用户产品授权书一本

操作系统：

■ 中文版 Windows、WindowsXP、Windows7，IE 8.0 以上版本

硬件要求：

■ 内存：1GB 或更高

■ 硬盘：500MB 以上的剩余磁盘空间

系统安装：

运行 MrSite 文件夹下的 Setup 文件，首先进入软件初始画面（见图 1-1），初始化完毕进入安装界面。

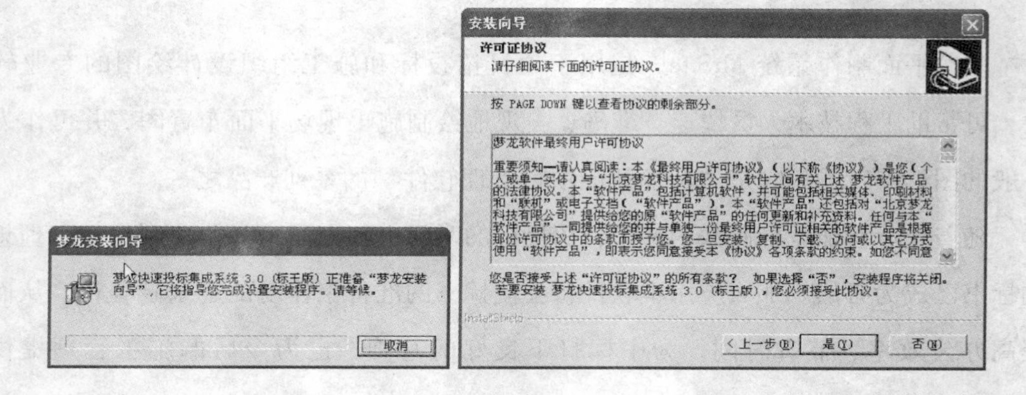

图 1-1

以下安装可按安装向导提示进行，如图 1-2 所示。

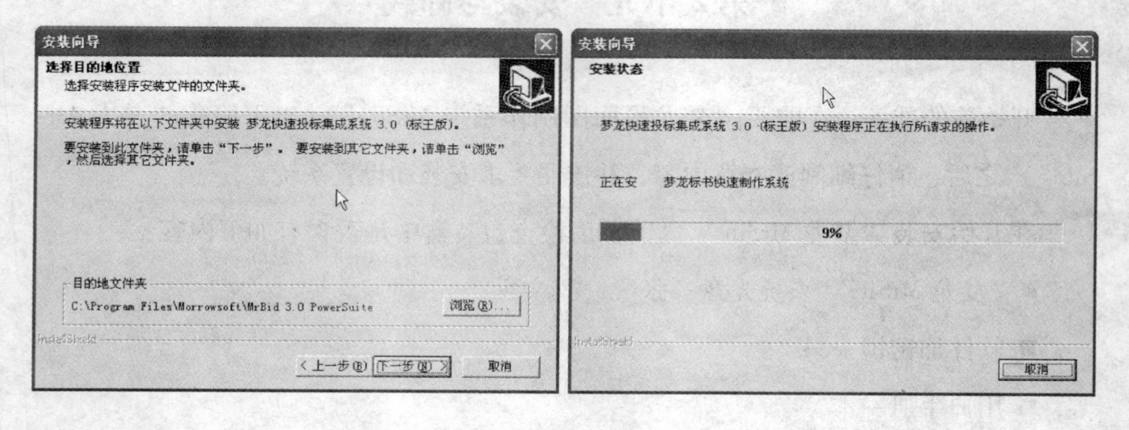

图 1-2

■ 软件安装向导启动界面，欢迎使用“梦龙施工平面布置系统”安装程序。点击“下一步”；

■ 许可证协议，请您仔细阅读该协议，用以保护用户与软件商的利益；

■ 选择软件安装路径，如需修改，点击浏览用户自定义；

■ 软件开始安装，显示其进度状态。

单击安装完成，此时快捷图标已经在您桌面建好，如图 1-3 所示。

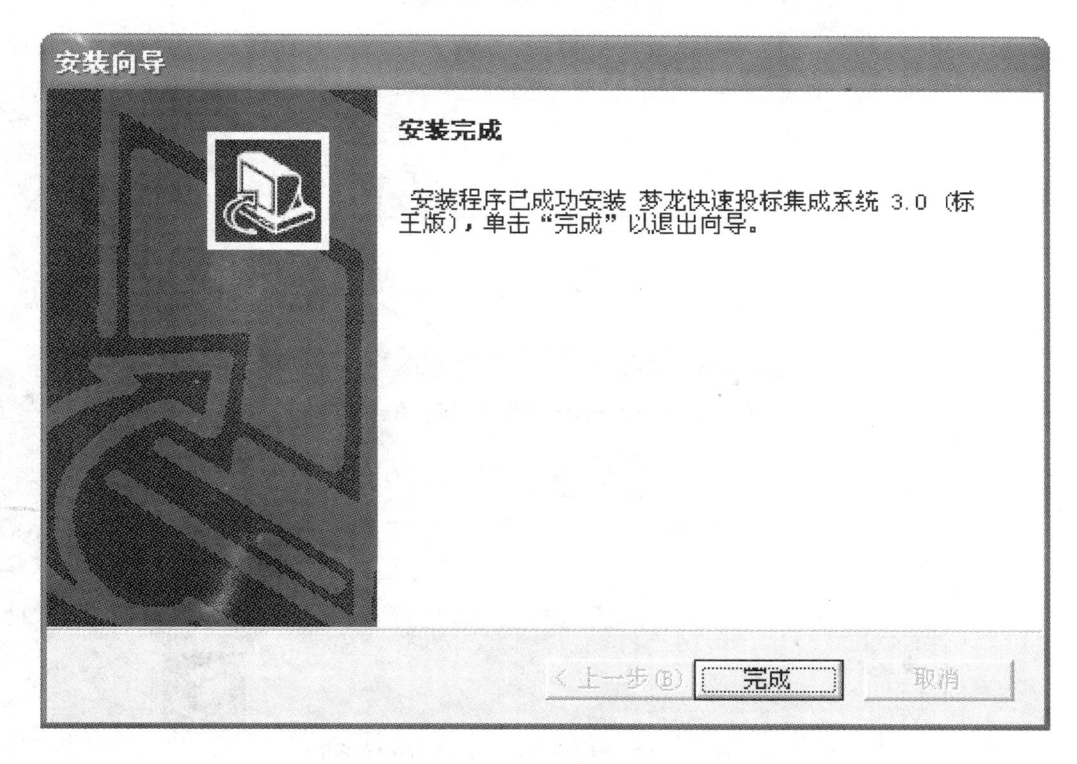

图 1-3

软件卸载：

☞ 第一步：双击安装盘“setup”此时系统会弹出如图 1-4 所示的界面，选择删除；

☞ 第二步：确认删除该系统，如图 1-5 所示；

☞ 第三步：显示删除进度条，如图 1-6 所示；

☞ 第四步：系统确认删除完毕，如图 1-7 所示。

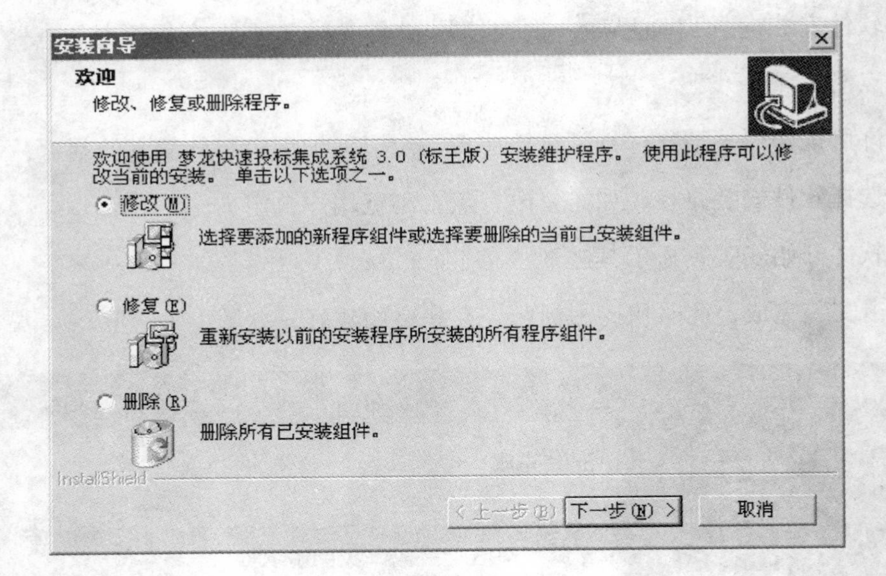
安装向导
欢迎
修改、修复或删除程序。
欢迎使用 梦龙快速投标集成系统 3.0（标王版）安装维护程序。 使用此程序可以修改当前的安装。 单击以下选项之一。
修改(M)
选择要添加的新程序组件或选择要删除的当前已安装组件。
修复(E)
重新安装以前的安装程序所安装的所有程序组件。
删除(R)
删除所有已安装组件。
InstallShield
< 上一步(B)
下一步(N) >
取消

图 1-4

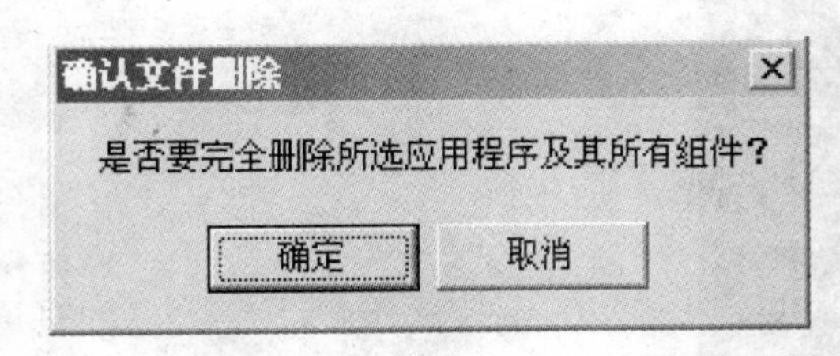
确认文件删除
是否要完全删除所选应用程序及其所有组件？
确定
取消

图 1-5

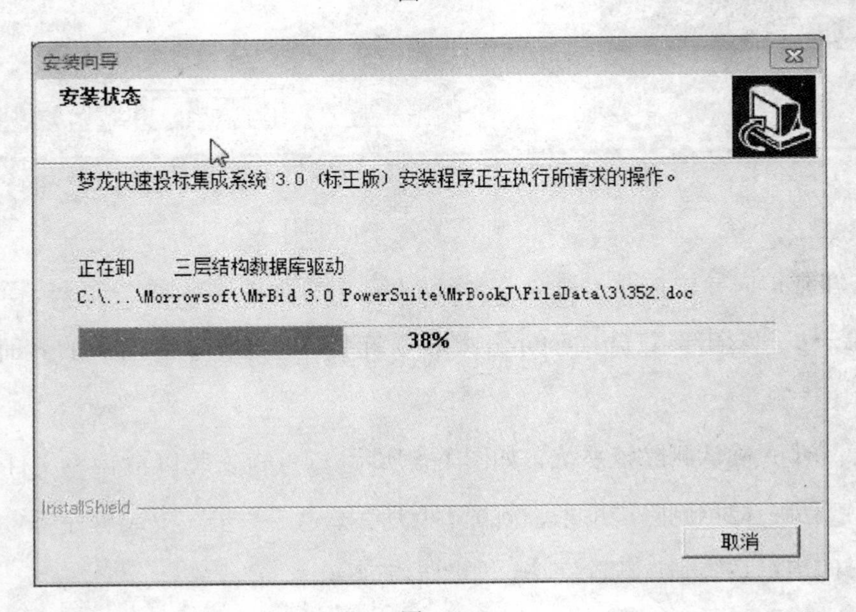
安装向导
安装状态
梦龙快速投标集成系统 3.0（标王版）安装程序正在执行所请求的操作。
正在卸 三层结构数据库驱动
C:\...\Morrowsoft\MrBid 3.0 PowerSuite\MrBookJ\FileData\3\352.doc
38%
InstallShield
取消

图 1-6

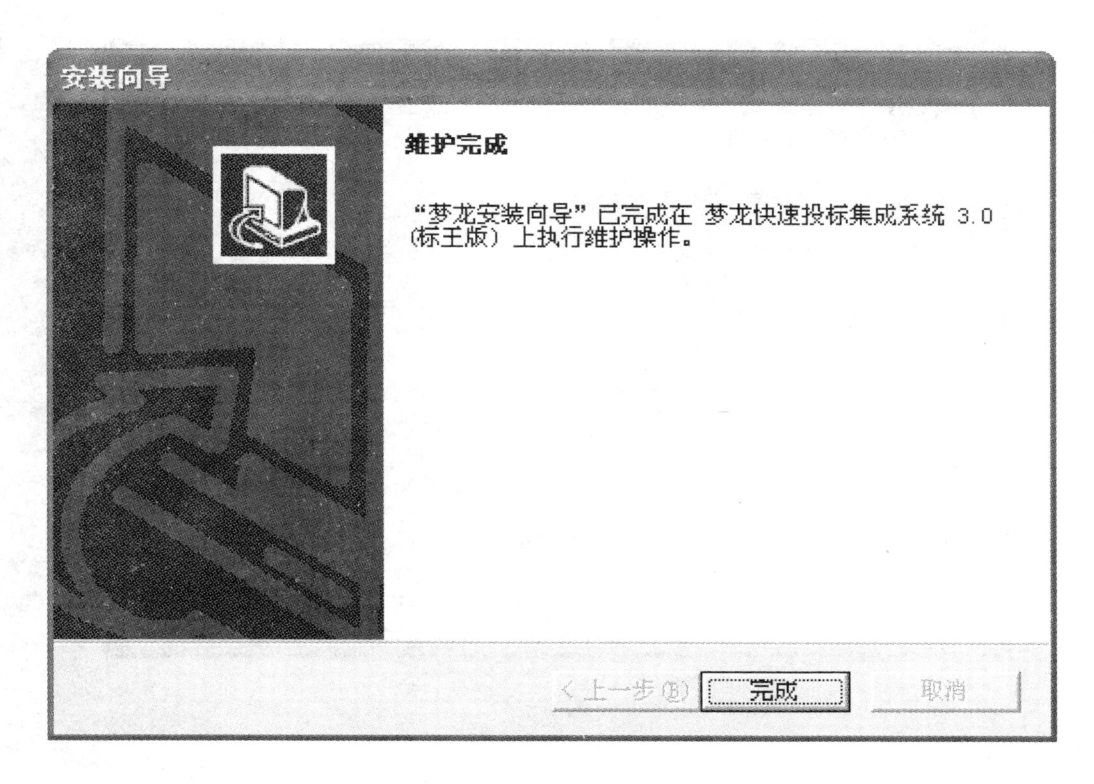

图 1-7

通过上面的操作即可完成程序的安装和维护工作，它们是通过运行安装盘中的setup 文件进行的，如果是维护程序（修改、修复或卸装），也可通过下面三种方式进行：

1. 在“控制面板”中选择“添加/删除程序”，在“安装/卸载”选项卡中选择“梦龙平面制作系统”，单击“添加/删除”按钮；“程序”→“梦龙软件”→“梦龙平面制作系统”菜单中选择“卸载梦龙平面制作系统”。

2. 若在维护向导中选择“修改”，将进入图 1-8 所示的界面，可以选择要添加或删除的组件，若全部不选中组件，则相当于卸装，选完后单击“下一步”将进行组件的添加或删除。

3. 若在维护向导中选择“修复”选项，则进行重新安装以覆盖原文件，这样可以修复遭到破坏导致程序不能运行的文件，单击“下一步”安装程序将自动选择原来的安装路径进行重新安装。

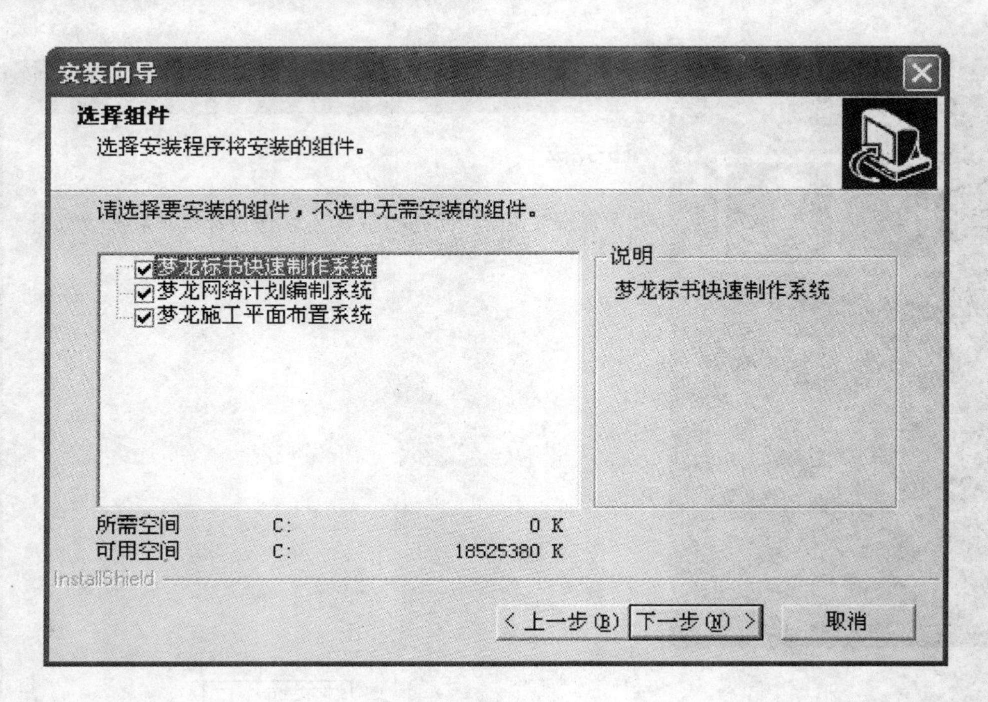

图 1-8

第 3 单元　软件狗的安装

USB 软件狗的安装：如果您的计算机配置了 USB 接口，则计算机后挡板上面一般包含了两个标准的 A 型 USB 插座，将 USB 加密狗插入到 USB 插座即可。

注意事项

1. 插入 USB 连接软件前往往要先安装“加密锁管理驱动程序”，如果在 USB 接口无法使用，请检查是否正确安装了驱动程序；

2. 如果您在安装了 USB 连接卡以后无法找到 USB 设备，那么您最好检查一下您的主板 BIOS 里指定的 USB 资源功能项是否打开，否则将无法找到 USB 设备；

3. 单击开始→运行→，如果您要是单机锁输入“MRLockc”；如果是网络锁输入“MRLocks”，此时在屏幕的右下角会出现如下小图标，如图 1-9 所示。

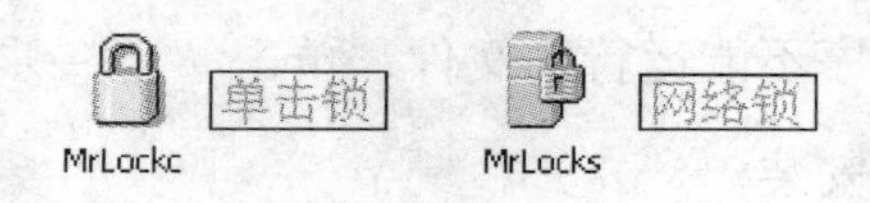

图 1-9

第2章 系统介绍

施工现场平面图绘制系统 MrSite，是用于项目招投标和施工组织设计绘图的专业软件，可帮助工程技术人员快速、准确、美观地绘制施工现场平面布置图，同时也可作为一般的图形编辑器来使用。

第1单元 系统界面

系统界面中包括主窗口、主菜单、工具条、窗口滚动条等，如图 2-1 所示。

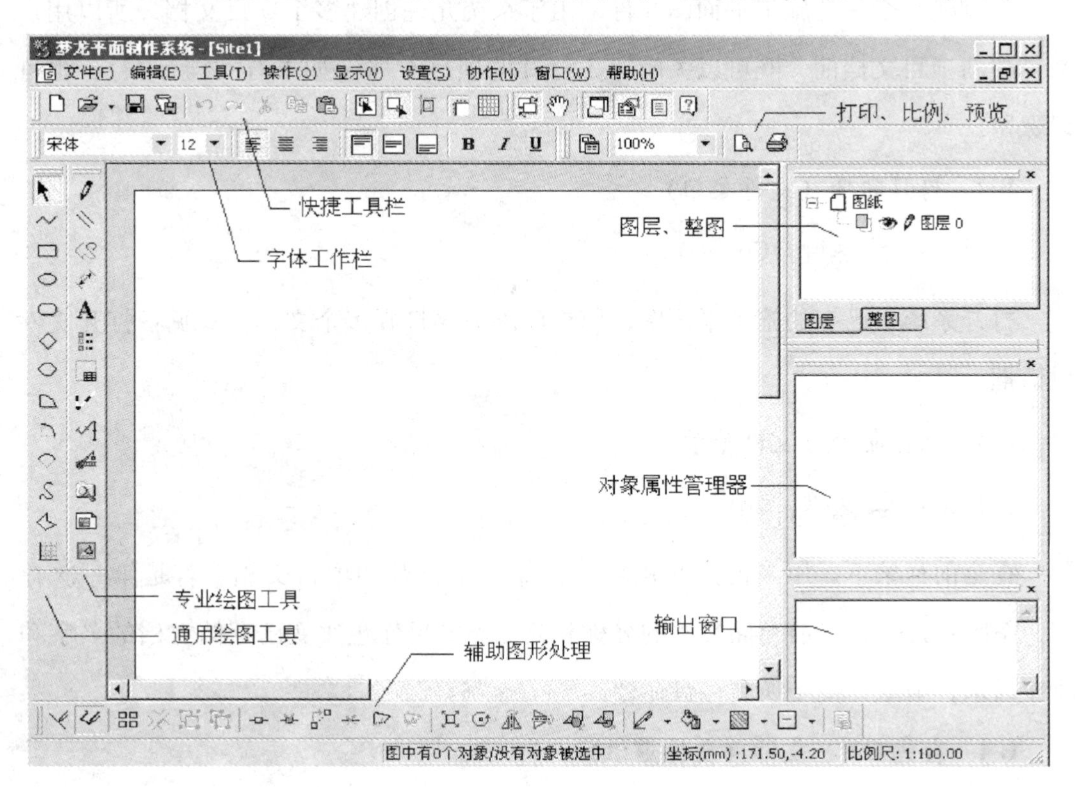

图 2-1

第2单元　功能介绍

1　工具条

如图2-2所示。

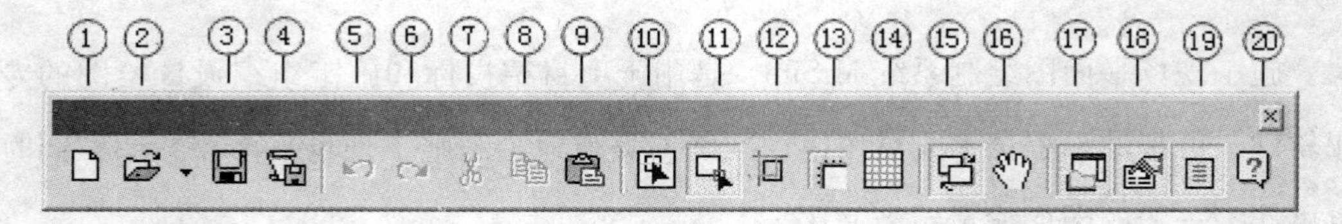

图2-2

1.1　新建命令（文件菜单）

工具条：热键：Ctrl + N

创建一个新的施工平面图文件。由于系统允许创建多个项目文档，所以用户在创建新项目文档前，既可以关闭原先打开的项目文档（如果有文档存在），也可以保留。

1.2　打开命令（文件菜单）

工具条：热键：Ctrl + O

打开系统中已有的施工平面图，用户可以一次打开多个文档。参见：打开文件对话框。

1.3　保存命令（文件菜单）

工具条：热键：Ctrl + S

在当前目录下，用当前的文档名字存储一个打开的项目文档。若是第一次存储，系统将提示你当前存储文档的名称和路径。如果你想改变已存储文档的名字和所在目录，请选择使用换名存盘命令。

1.4　存为EMF文件（文件菜单）

工具条：

使用该命令可将当前平面图文件转换为 EMF 文件，转换的 EMF 文件可以作图元，也可嵌入 Word 等软件。

1.5 撤消命令（编辑菜单）

工具条：热键：Ctrl + Z

撤消上一次操作。

1.6 重做命令（编辑菜单）

工具条：热键：Ctrl + Y

恢复上一次取消的操作。

1.7 剪切命令（编辑菜单）

工具条：热键：Ctrl + X

在图形编辑过程中，将用户所选取的内容从当前编辑区删除，放入系统提供的粘贴缓冲区。

选取操作：在没选中任何图形的情况下，在编辑区内单击鼠标左键，并保持按下状态拖动鼠标，此时会有一个虚线方框随鼠标移动。当松开左键后，位于虚框内的图形将被选取。

如果用户想将粘贴缓冲区的内容放入光标所在的位置，则可调用编辑菜单下的粘贴命令。

★ 注意：它与编辑菜单中的删除命令不同。

1.8 拷贝命令（编辑菜单）

工具条：热键：Ctrl + C

在图形编辑过程中，将用户所选取的内容复制并放入到系统提供的粘贴缓冲区。

快捷方式：首先处于移动状态，然后按住 Ctrl 键，将选中的图形拖动到其他位置即可完成一个对象的复制。

★ 注意：它与编辑菜单中剪切命令的不同。

1.9 粘贴命令（编辑菜单）

工具条：热键：Ctrl + V

将以前用剪切或复制命令放入粘贴缓冲区的内容，复制到当前编辑区中光标所在的位置。

★ 注意：如果没有内容在粘接缓冲区中，则此命令将处于灰色状态，不能使用。

1.10 捕获网格线

工具条：

打开或关闭捕获风格线功能。

1.11 捕获对象控制点

工具条：

打开或关闭捕获对象的控制点。

1.12 捕获辅助网络线

工具条：

打开或关闭捕获辅助网络线。

1.13 绘图标尺命令（显示菜单\界面工具）

工具条：

选中该命令后，在编辑区内会出现标尺，否则默认状态为不显示标尺。标尺将随着显示比例而改变其间隔大小。标尺的单位：毫米（mm）。

1.14 网格线命令（显示菜单\辅助工具）

工具条：

选中该命令后，在编辑区内会出现一定间隔的网格线，否则其默认状态为不显示网格线。

网格中网线的间隔参见：显示菜单中的网格大小命令

1.15 视图居中显示命令（显示菜单\辅助工具）

工具条：

选中该命令，图纸将在编辑区内居中显示，此时标尺尺寸的0起点也随着改变其位置。否则图纸的左上角将紧靠标尺的左上角，而且标尺标注的0起点将在最左端和最上端。

1.16 实时平移

工具条：

1.17 图层整图窗口

工具条：

打开或关闭显示关闭“图层与整图窗口”

1.18 属性窗口

工具条：

显示或关闭属性窗口

1.19 输出窗口

工具条：

显示或关闭输出窗口

1.20 关于（帮助菜单）

工具条：

使用此命令将显示本系统的版权及版本号等信息，如图 2-3 所示。

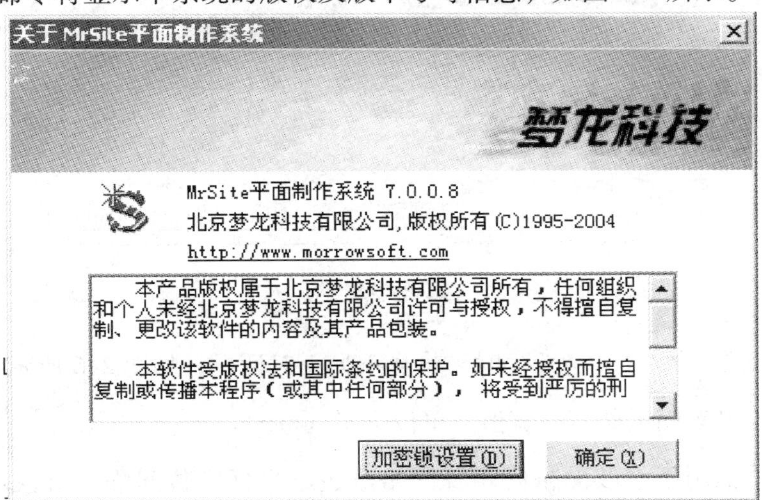

图 2-3

2　图纸设置条

如图 2-4 所示。

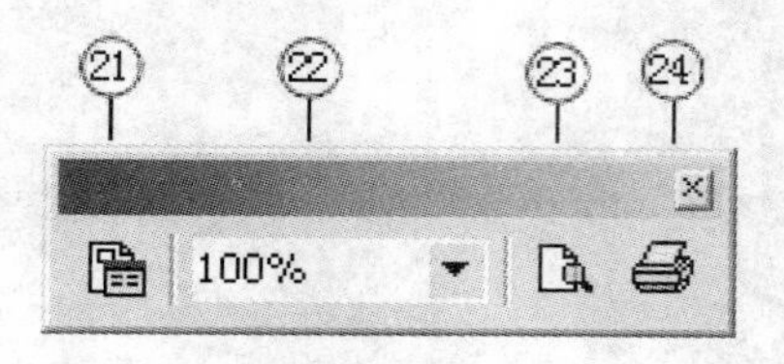

图 2-4

2.1　图纸设置（设置菜单）

工具条：

选取该命令，将弹出“图纸设置”对话框，该提示框包括图纸设置、边界设置和其他三部分。

图纸设置包括图纸的大小、横纵向和比例尺，如图 2-5 所示。

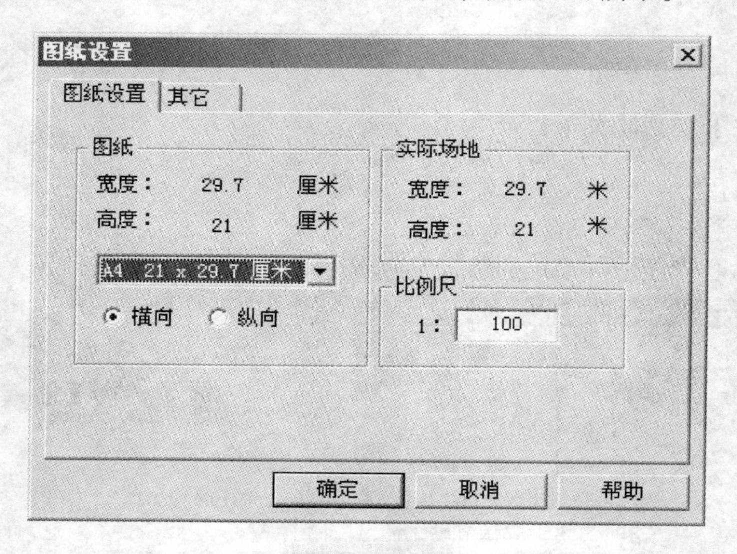

图 2-5

在选取纸张大小“自定义”时，将显示另一对话框，如图 2-6 所示，用户可以依据实际情况设置图纸的高、宽值，单位毫米（mm）。

其他对话框用于修改网格间距及网格颜色、光标定位间隔、对象填充色及前景、图纸背景色，允许定时存盘，如图 2-7 所示。

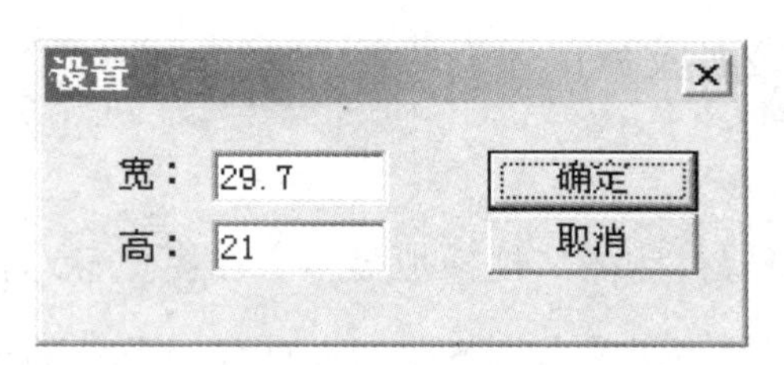

图 2-6

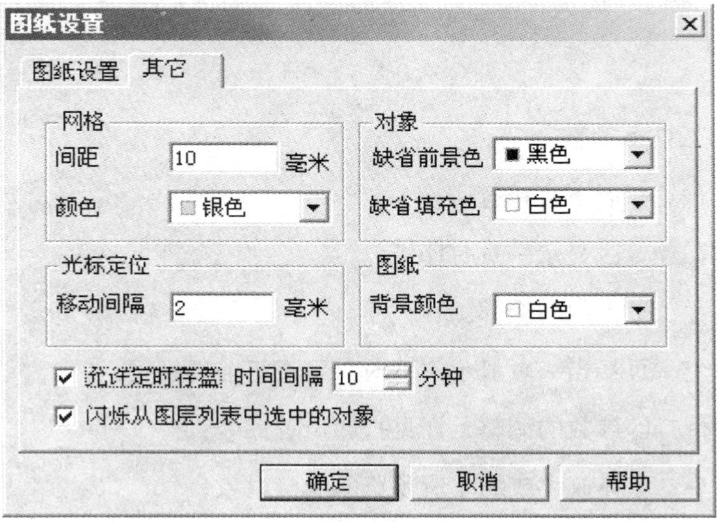

图 2-7

2.2 显示比例（显示菜单\比例显示）

工具条：100%

鼠标左键点击该工具条会弹出下拉菜单，从中可以选取相应的显示比例，如图 2-8 所示。

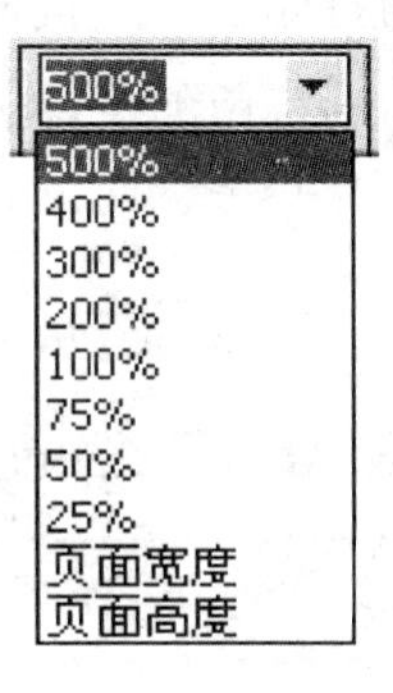

图 2-8

2.3 打印预览（文件菜单）

工具条：

使用该命令，可将要打印的文档模拟显示。在模拟显示窗口中，可以选择单页或全部方式显示。打印预览工具条还提供了一些便于预览的选项，如图2-9所示。

图2-9

打印预览工具条

打印：在预览状态下直接打印；

单页：只在预览区显示一页打印纸；

全部：显示预览区内的全部图；

下一页、上一页：当一页显示不下时，可进行前后翻页；

调整：进行打印参数的调整，详见打印设置命令；

放大、缩小：整体放大或缩小所预览的所有对象；

关闭：退出预览状态。

提示：当选择“保存为”保存后，当前操作文档自动更换为保存后的副本文件。

2.4 打印命令（文件菜单）

工具条：快捷键：Ctrl + P

将当前正在编辑的施工平面图打印出来。同时可以在打印文档对话框中确定打印页的范围、打印份数、打印机的型号以及其他打印选项。

3 通用绘图工具条

如图2-10所示。

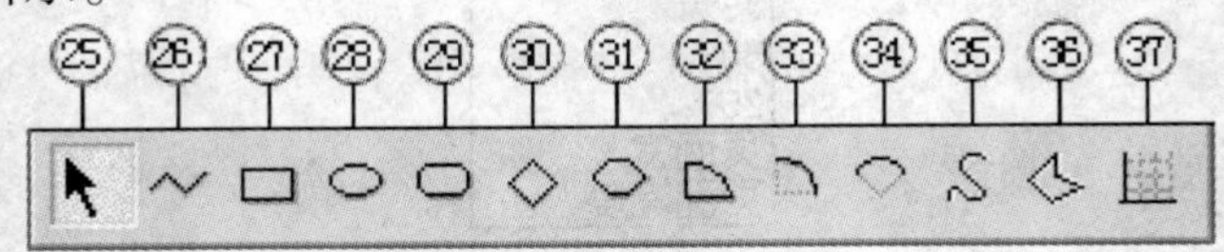

图2-10

3.1　选择命令（工具菜单）

工具条：

本命令用于选取操作对象。具体操作：选取该命令后，将鼠标移近要选择的对象。当鼠标变成时按一下左键，会看到该对象上出现了白色的小方块，这表示它已被选中，同时鼠标保持状。此时双击左键会弹出与该对象相对应的属性提示框。

★ 注：启动后系统默认此选项。

3.2　绘制折线

折线绘制方法：

1. 按下按钮。

点击一次鼠标左键，移动鼠标，绘制一条线。绘制完，双击左键确定。

2. 折线对象属性编辑：

折线对象如图 2-11 所示。

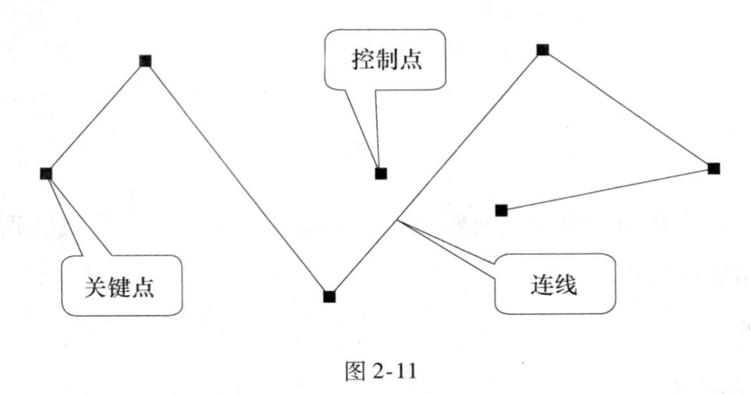

图 2-11

折线由关键点、控制点和连线构成。

对折线点编辑除一般对象的编辑以外，还有移动关键点、添加关键点、删除关键点、连接、分割、拆成折线等操作步骤。

3. 移动关键点：移动对象、移动关键点、移动控制点操作；

对选中的对象，可以移动改变其位置，可以移动对象关键点改变对象的形状。

4. 移动对象选中对象，按下按钮，将鼠标移动到对象上，按下鼠标左键并保持住，移动鼠标，对象随之移动。

移动对象的关键点选中对象，确保按钮处于弹起状态，将鼠标移到对象的关键点上（黑色方块），按下鼠标左键并保持住，拖动鼠标。

移动对象控制点在对象属性管理器中将“控制点取中心”项设置为“否”，如图2-12所示，在控制点上按下鼠标左键并保持住，移动鼠标。

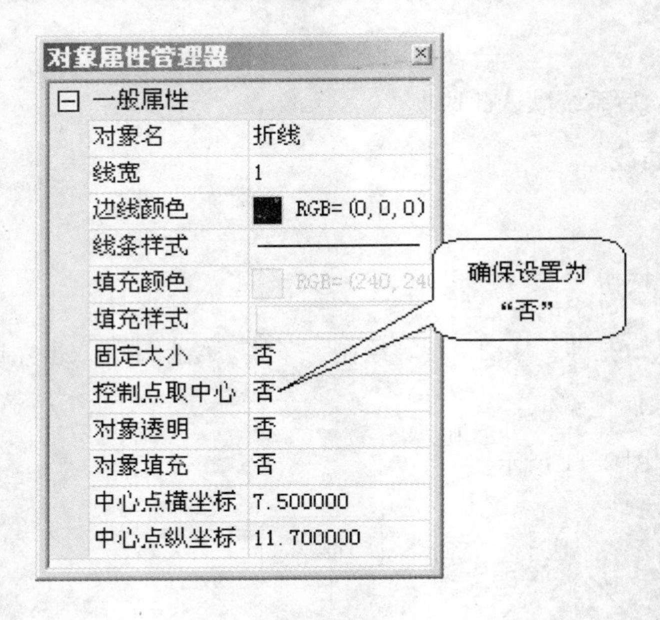

图2-12

提示：以下工具如您想做任何修改对象的属性，请在“对象属性管理器”内进行修改。下面不再做提示。

对象属性

1. 添加关键点：

按下按钮或在“操作”菜单中选择“加点”，将鼠标移到待添加点的位置，鼠标呈现形状，点击鼠标左键，即可在点击处添加一个关键点。

提示：只能折线、多边形、曲线、字线、铁路线、标称线等对象可以执行此操作。

2. 删除关键点：

按下按钮或在“操作”菜单中选择“删点”，将鼠标移到待添加点的位置，鼠标呈现形状点击鼠标左键，即可在点击处删除一个关键点。

提示：只能折线、多边形、曲线、字线、铁路线、标称线等对象可以执行此操作。

3. 连接：按下按钮，或者在“操作”菜单中选择“连接”，在对象的连接端点击鼠标左键，鼠标呈现，将鼠标移动到另一个对象的一端，按下鼠标左键。

提示：取消操作：在除对象端点以外的位置双击鼠标左键。

能够连接的对象有：折线、曲线、组合线、铁路线。

4. 分割：按下按钮或在“操作”菜单种选择“分隔”，此时鼠标形状呈现，将鼠标移到待分割的线段处，按下鼠标左键。

提示：可以分割的对象有：折线、曲线、组合线、字线、标称线。

5. 拆成折线：对于多边形和封闭的折线可以执行此操作。按下按钮或在“操作”菜单中选择“拆分”。

3.3 矩形工具

功能：绘制矩形的方法

1. 按下按钮；

2. 在视图中按下鼠标左键并保持住，拖动鼠标。

提示：绘制矩形，在绘制同时按下 Ctrl 键。

3.4 椭圆工具

功能：绘制椭圆的方法

1. 按下按钮；

2. 在视图中按下鼠标左键并保持住，拖动鼠标。

提示：绘制圆形，在绘制同时按下 Ctrl 键。

3.5 圆角矩形工具

功能：绘制椭圆的方法

1. 按下 按钮。

2. 在视图中按下鼠标左键并保持住，拖动鼠标。

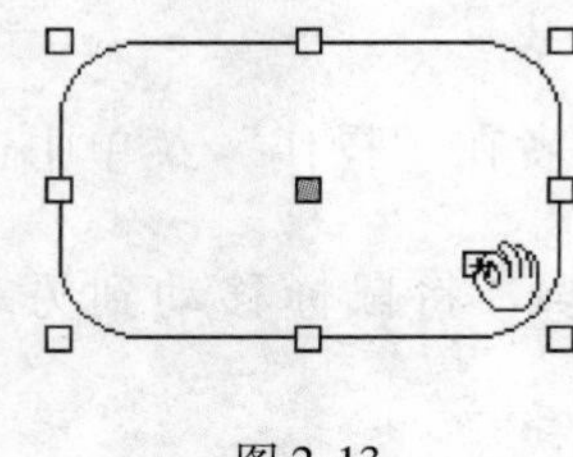

图 2-13

3.6 菱形工具

功能：绘制菱形的方法

1. 按下 按钮；

2. 在视图中按下鼠标左键并保持住，拖动鼠标。

3.7 正多边形工具

功能：绘制正多边形的方法

1. 按下 弹出对话框；

2. 在对话框中设置边数，见图 2-14 点击确定。

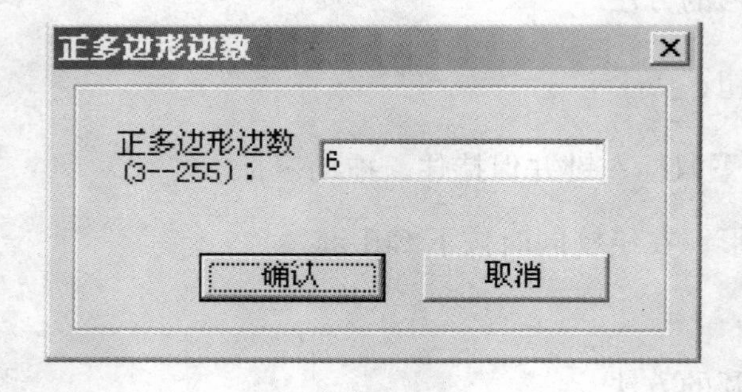

图 2-14

3. 在视图中按下鼠标左键并保持住，拖动鼠标。

3.8 饼形工具

功能：绘制饼形的方法

1. 按下 按钮；

2. 在视图中按下鼠标左键并保持住，拖动鼠标。

3.9　扇形工具

功能：绘制扇形的方法

1. 按下 按钮；

2. 在视图中按下鼠标左键并保持住，拖动鼠标。

3.10　圆弧工具

功能：绘制圆弧的方法

1. 按下 按钮；

2. 在视图中按下鼠标左键并保持住，拖动鼠标。

3.11　曲线工具

功能：绘制曲线的方法

1. 按下 或在“工具”菜单中选择“通用绘图工具”，再选“曲线”；

2. 移动并点击一次鼠标左键绘制一端曲线，如图 2-15 所示。

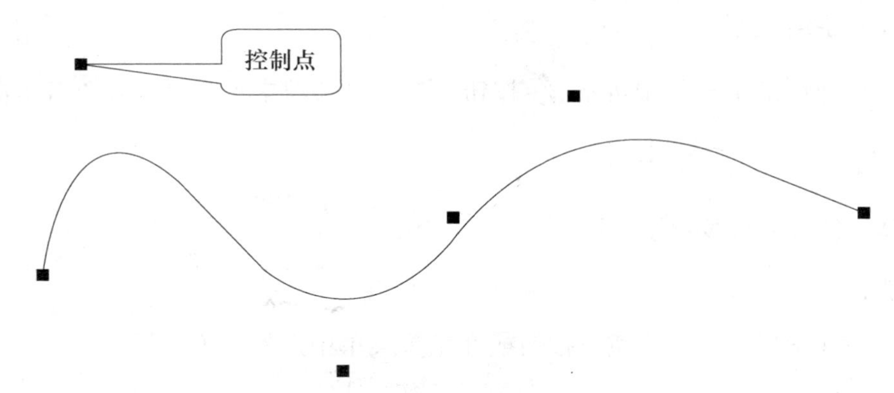

图 2-15

3.12　多边形工具

功能：绘制多边形的方法

1. 按下 或在“工具”菜单中选择“通用绘图工具”，再选择“多边形”；

2. 在视图中点击一次鼠标左键，选定一个顶点；

3. 双击鼠标左键【确定】，结束多边形的绘制。

3.13　轴线工具

功能：绘制轴线的方法

1. 在“通用绘图工具”中按下 或在“工具”菜单中选择“通用绘图工具”，再选“轴线”；

2. 在视图中按下鼠标左键并保持住，拖动鼠标到合适位置，放开鼠标完成“轴线”的绘制。

3.14　专业对象条

如图 2-16 所示。

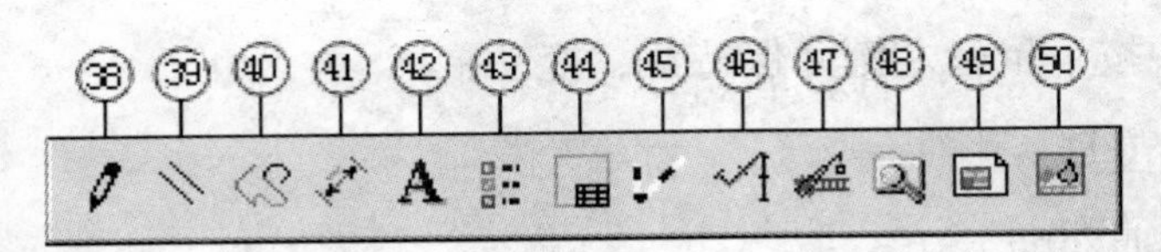

图 2-16

3.15　手绘线工具

功能：手绘线方法

在“专业图形工具”中按下 按钮或在工具菜单中选择“手绘线工具”，再选择“ ”。

3.16　创建平行线对象工具

功能：绘制方法

在“专业图形工具”中按下按钮或在工具菜单中选择“专业图形工具”，再选择“平行线”。

3.17　组合线工具

说明：组合线是三种线形的组合：直线、圆弧和贝塞尔曲线，如图 2-17 所示。

1. 在“专业图形工具”中按下 按钮或在工具菜单中选择“专业图形工具”，再选择“组合线”；

2. 在视图中连续做点击鼠标左键移动鼠标的操作绘制多段线段（按 Tab 键改变线形）。当鼠标为 状时，绘制的是直线；鼠标为 状时，绘制的是圆弧；鼠

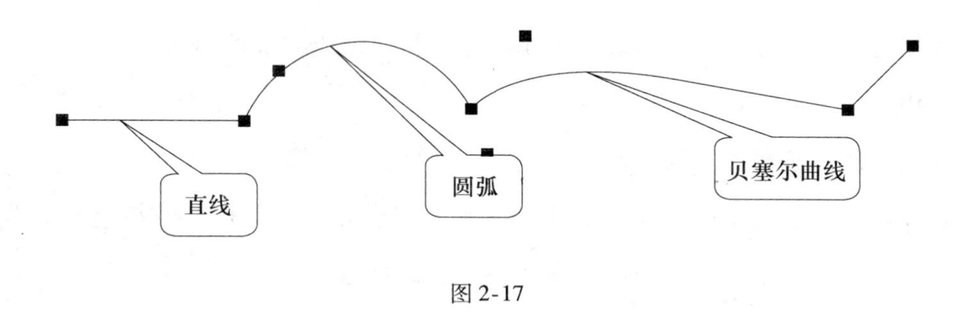

图 2-17

标为状时，绘制的是曲线；

3. 用户若想修改此组合线，在选中该对象后，将鼠标移到需要修改部分的控制点上，按住左键移动即可，满意后松开左键。

3.18　标称线工具（工具菜单\专业图形工具）

工具条：，如图 2-18 所示。

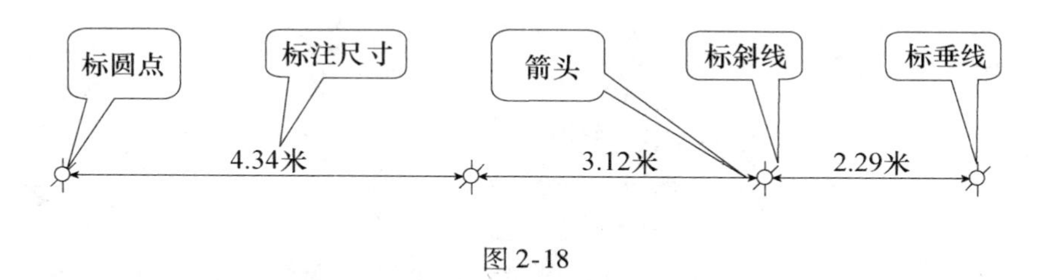

图 2-18

绘制方法：

1. 先将鼠标在绘制起点处点一下鼠标左键，然后连续在需要标注的位置按键，即可生成一条标称线；

2. 箭头位置：在四个选项中选择其一，包括：左/上箭头、右/下箭头、两端都有和两端都无，分别代表了箭头的不同方向和位置；

3. 尺寸标注：在四个选项中选择其一，包括：上标注、下标注、中间标注和无标注，分别代表了尺寸标注的不同位置。

箭头角度：

1. 箭头角度：设置箭头两翼与直线间的夹角；

2. 箭头长度：设置标称线箭头部分的长度；

3. 封闭：选择此项为封闭箭头；

④填充：选择此项，封闭箭头填充颜色，与标称线的线色相同。

3.19　斜文本工具

绘制方法：选取该工具后，利用鼠标在编辑区插入文本。

具体操作：首先将鼠标移到所插入文本的起点处，然后按住左键拖动到终点，这时释放左键即可生成一个矩形文本区域，区域内有文本两个字。

用户若想修改此文本区域的大小，则选择该对象后，将鼠标移到该矩形文本的控制点上，按住左键移动即可修改，满意后松开左键。

若用户想键入文本内容或修改文本内容请参照图 2-19 进行修改。

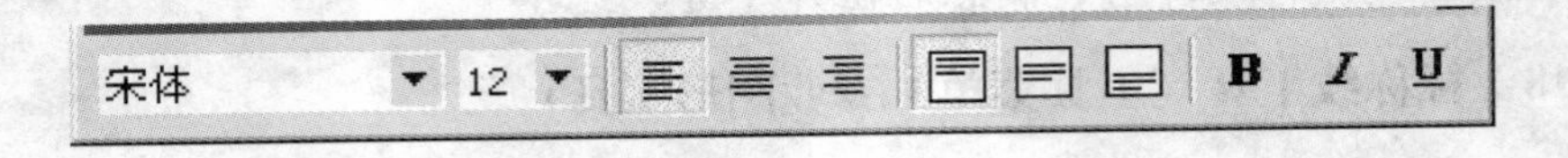

图 2-19

对象属性管理器

3.20　图例工具（工具菜单\通用图形工具）

工具条：

选取该工具后，利用鼠标在编辑区插入一个图例表。

具体操作：首先将鼠标移到所插入图例的起点处，然后按住左键拖动到终点，这时释放左键即可生成一个矩形图例区域，同时弹出图例属性对话框（见图 2-20），在框中可以通过选择图元类来确定要显示的图例，并可对图例的大小、间距和标注文字进行设置。

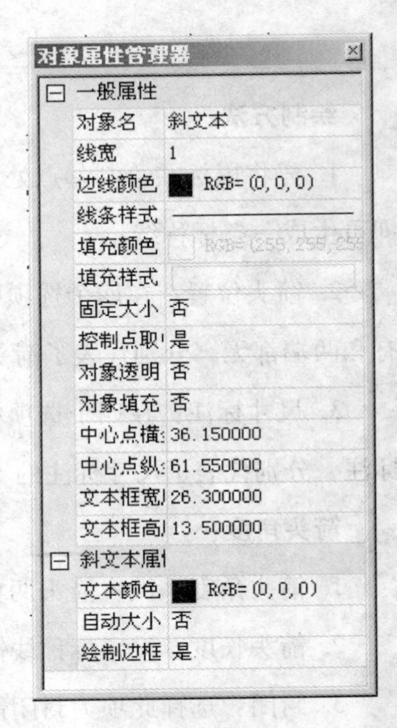

图 2-20

用户若想修改此图例区域大小，则选择该对象后，将鼠标移到该矩形边框的控制点上，按住左键移动即可修改，满意后释放左键。在用户第一次画框时，经常无法将所有选择的图例显示出来，这是因为所画区域不够大，只需通过调整控制点改变框的大小即可。

若在图例框中添加或修改图例，则双击鼠标左键，再次弹出图例属性对话框，从而修改相应的设置。

将可选图例选入本对象所含图例；

将本对象所含图例放回可选图例；

也可在对象属性管理进行修改，如图 2-21 所示。

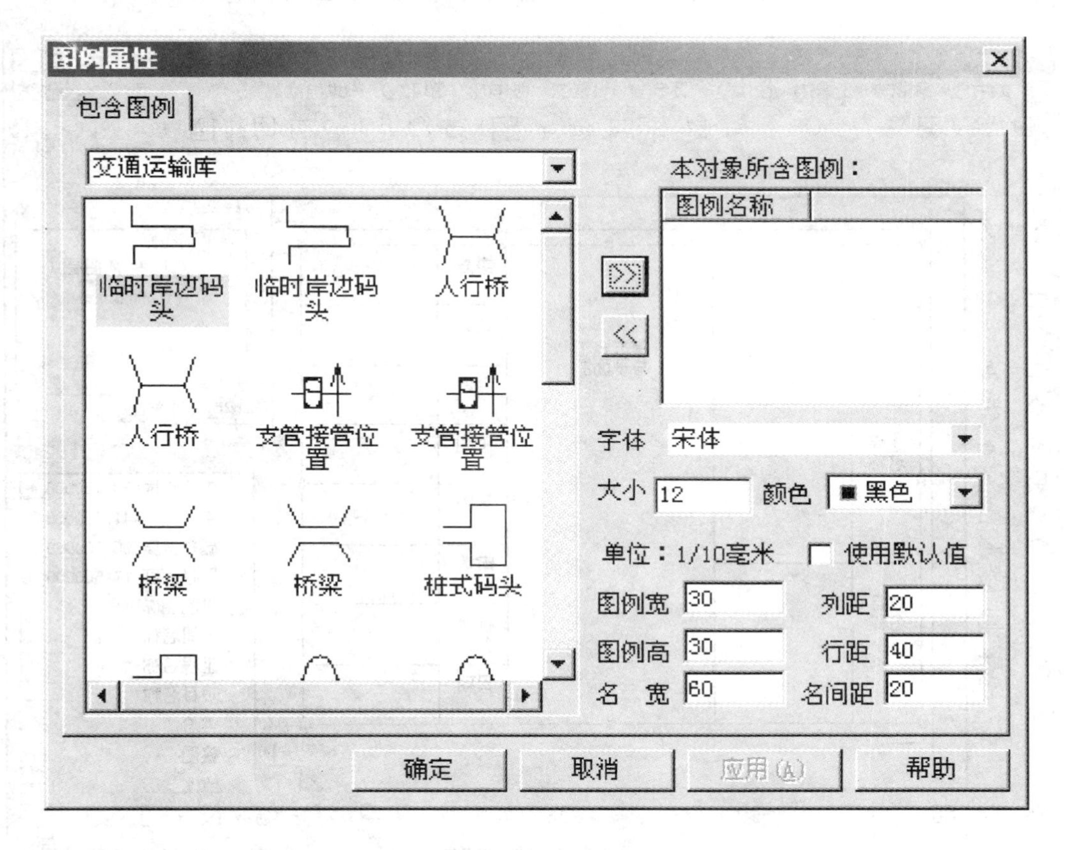

图 2-21

1. 字体、大小、颜色：设置图例标注文字的字体、大小和颜色；

2. 图例宽、图例高：设置图例框中图例的宽度和高度；

3. 列距、行距：设置两列（两行）图例间的距离；

4. 名间距：设置图例与图例名称之间的距离；

5. 名宽：设置图例名称的宽度。

3.21 题栏工具（工具菜单\专业图形工具）

工具条：

选取该工具后，利用鼠标在编辑区插入一个题栏。

具体操作：首先将鼠标移到所插入图例的起点处，然后按住左键拖动到终点，这时释放左键即可生成一个矩形题栏区域，同时在平面图“对象属性管理器”（见图2-22），在框中可以输入公司名称、工程名称等相关的工程信息。

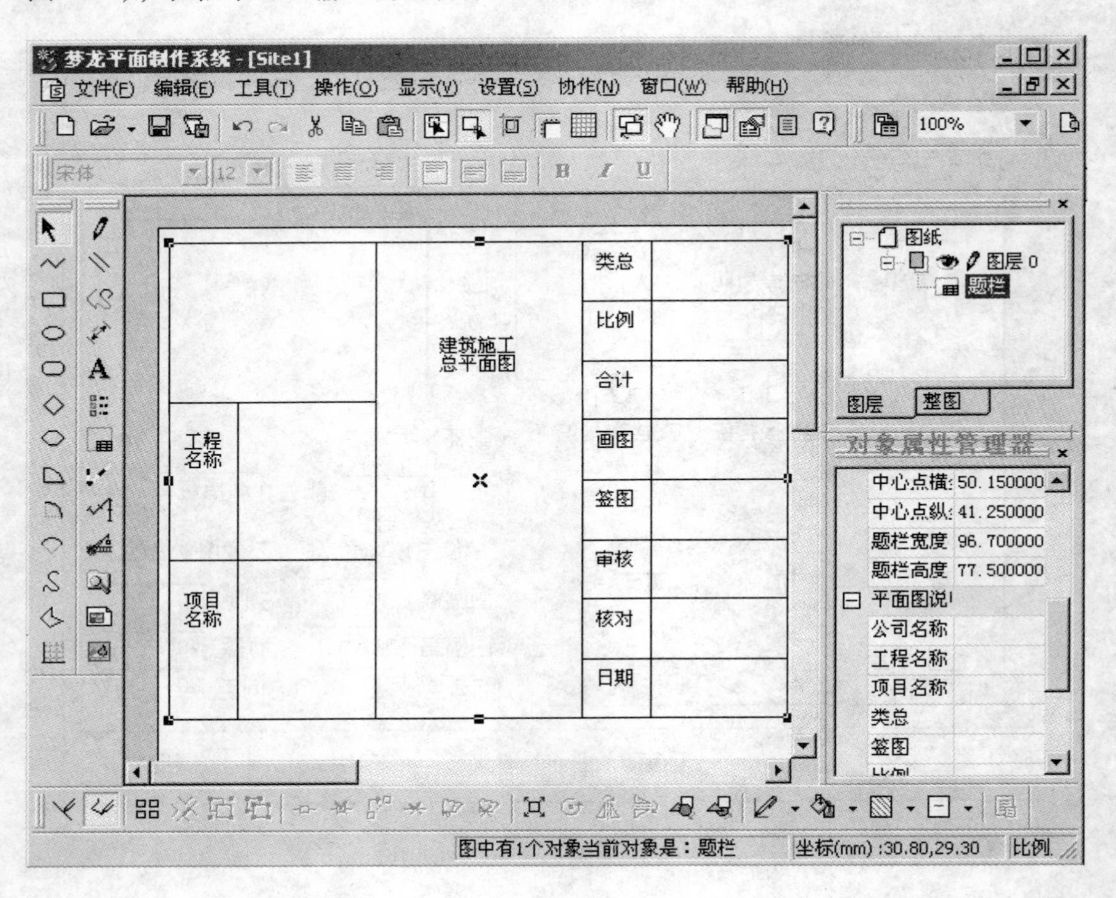

图2-22

用户若想修改此题栏区域的大小，在选择该对象后，将鼠标移到该矩形边框的控制点上，按住左键移动即可修改。

若添加或修改题栏框中的内容，双击鼠标左键，在弹出的平面图说明对象属性对话框中进行相应的修改。

3.22　铁路线工具（工具菜单\专业图形工具）

工具条：

选取该工具后，利用鼠标在编辑区内绘制铁路线。

具体操作：先将鼠标移到要绘铁路线的起点处单击鼠标左键后松开，然后在铁路线经过处依次按键，即可产生一条连续的铁路线。用户若想修改铁路线，则选择铁路线对象后，将鼠标移到铁路线的控制点上，按住左键拖动即可修改，满意后释放左键。

修改铁路线一般属性请在“对象属性管理器”里进行修改。

铁路线属性中有铁路宽度、铁路样式、是否拟建和黑白段长度等几项设置，通过以上设置的相互组合，可以实现各种铁路线的表示方式，下面列举了其中的几种，如图2-23所示。

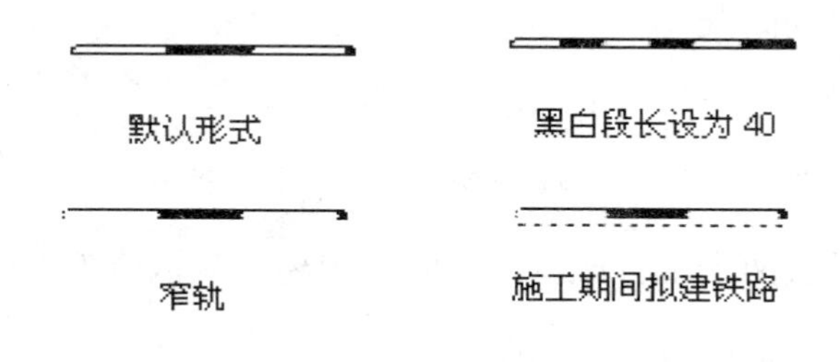

图2-23

3.23　字线工具（工具菜单\专业图形工具）

工具条：

1. 选取该工具后，利用鼠标在编辑区内绘制字线。

具体操作：先将鼠标移到所绘字线的起点处单击鼠标左键，然后在字线经过处依次单击鼠标，即可产生一条连续的字线。

用户若想修改此字线，选择该对象，将鼠标移到该字线的控制点上，按住左键拖动即可修改，满意后释放左键。

修改一般属性请在“对象属性管理器”里进行修改。

2. 线上字符（选择线上字符时线上线段置灰）

①字体：选择线上字的字体；

②颜色：选择线上字的颜色；

③大小：设置线上字的大小，单位：1/10mm；

④离线距离：设置字距离线的距离，单位：1/1mm；

⑤内容：输入线上字的内容，并可同时预览设置的字体、颜色和大小。

3. 线上线段（选择线上线段时线上字符置灰）

①上（下、上下）短线：设置线上线段的方向，分别为向上、向下和上下同时显示，默认为上短线；

②上（下）三角：设置线上三角的方向，分别为向上或向下；

③间隔线等高：选择此项线上线段高度相等，默认为一长一短；

④画成双线：选择此项基准线为双线；

⑤画成连续线：此方式适用于线上字符，选择此项，基准线为连续线，默认形式为线段到字符处自动断开；

⑥线段高度：设置线上线段的高度；

⑦倾斜角度：设置线上线段和线上字符的倾斜角度；

⑧标注间隔：设置两个字符或线段之间的距离，默认值为10，单位1/10mm。

下面为几种设置的搭配效果，如图2-24所示。

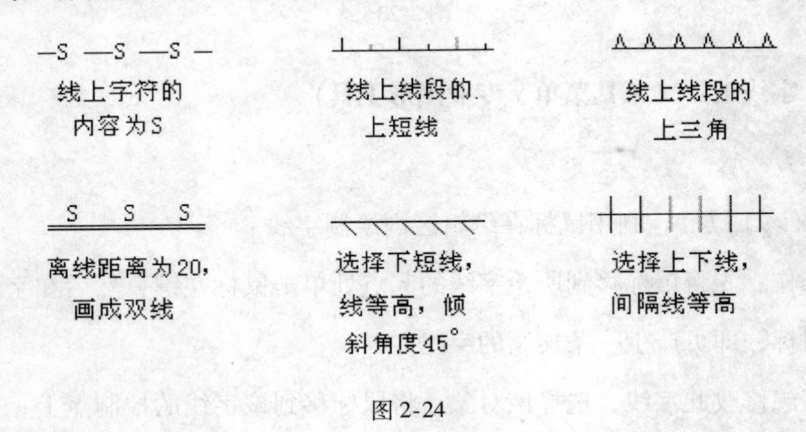

图2-24

3.24 塔吊工具（工具菜单\专业图形工具）

工具条：

选取该工具后，利用鼠标在编辑区绘制塔吊。

具体操作：首先将鼠标移到编辑区，按鼠标左键，然后移动鼠标到用户想绘制塔吊处，释放鼠标左键，即可生成一个塔吊。

用户若想修改此塔吊，则选择该对象后，将鼠标移到该塔吊的控制点上，按住鼠标左键拖动即可修改，满意后释放左键。

修改塔吊一般属性的方法详见矩形工具中的操作，下面就塔吊特有的属性（见图 2-25）进行说明。

对象属性管理器

属性	值
控制点取中心	是
对象透明	否
对象填充	否
中心点横坐标	56.340307
中心点纵坐标	47.50000C
⊟ 塔吊属性	
是否有小长方形	是
是否有圆弧	是
是否有大长方形	是
是否有标注线	是
是否固定半径	否
半径	20.000
是否自动标注	是
箭头的长度(1/mm)	24
箭头的角度	20
箭头样式	实箭头
标注样式	上标注
替换标注内容	

图 2-25

塔吊属性：

1. 小长方形、圆弧、大长方形、标注线，选择这些选项，就可以在屏幕中显示相应的塔吊对象；

2. 固定半径：选择该选项时，右边的半径对话框取消置灰，此时可以输入固定的塔吊半径，单位米（由于默认比例尺为厘米，所以在图纸上显示的长度是厘米），选择固定 1：100 塔吊半径后，不能通过修改控制点的方式来改变其半径；不选择该选项时，塔吊半径选取系统自动测量值；

3. 自动标注：系统默认选择该选项，标注的内容为系统自动测量所得，因为比例尺默认为 1：100，所以显示的单位为米；不选择该项时，替换标注内容窗口取消置灰，在其窗口中可以输入要标注的内容，如长度、塔吊型号等。

箭头：

1. 长度、角度：设置塔吊标注线上箭头的长度和角度。

2. 实箭头、空箭头、双箭线：选择塔吊标注线上箭头的形式，只能选择其中一种。

3. 尺寸标注：选择标注在塔吊标注线上的位置上标注、下标注、中间标注还是无标注。

4. 字体：用来设置标注线上文字的字体，点击后出现如右图所示，从中可以修改文字的字体、字形、大小、颜色和效果等等，并适时预览。

3.25 库工具（工具菜单\ 通用图形工具）

工具条：

选取该工具后，从图库中提取图形。

具体操作：首先将鼠标移到所插入图形的起点处，然后按住左键拖动到终点，有一矩形虚线框随着光标移动，释放左键弹出图元库属性对话框（见图 2-26）。

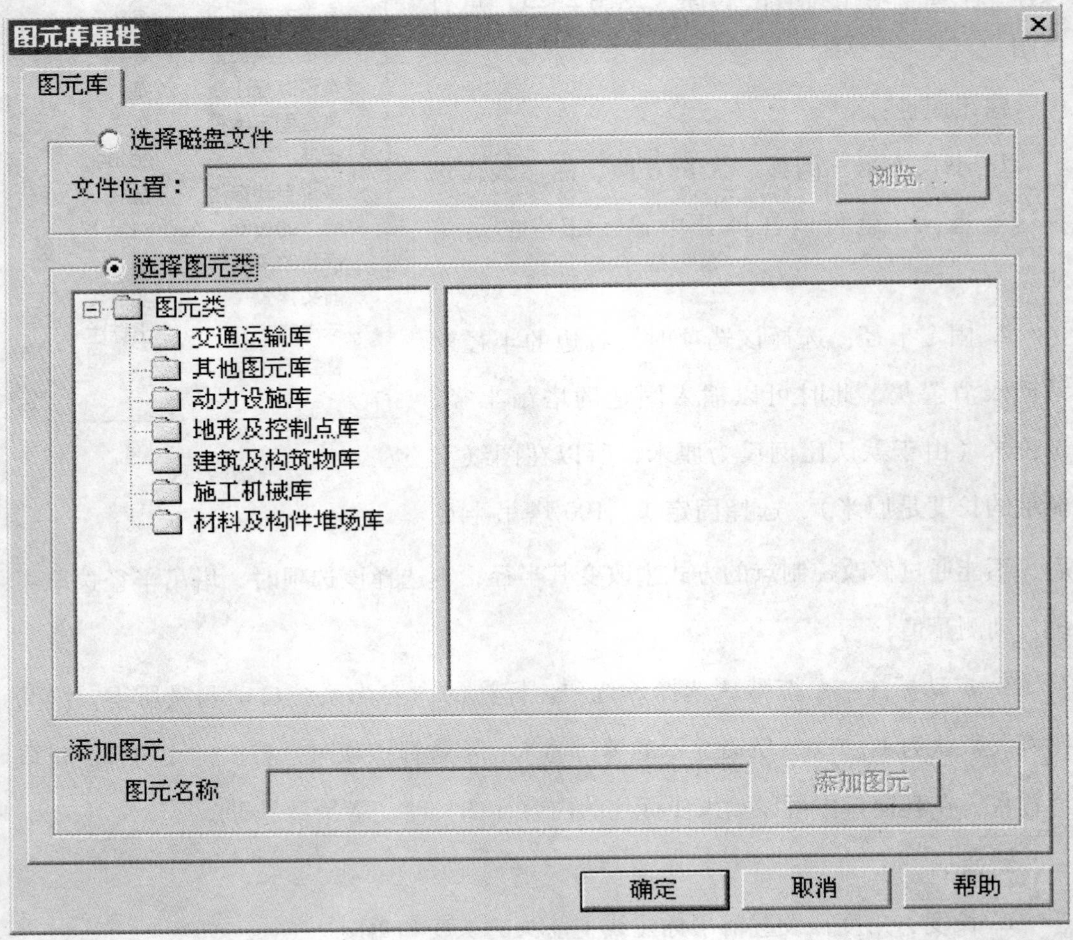

图 2-26

如果提取图元库中的图元，首先选择图元类型，然后在窗口中选择相应的图元，点击确定；如果提取其他位置的文件，选择磁盘文件选项（选择图元类置灰），点击浏览，找到所需文件确定即可。

更换已经绘制到编辑区的图元，只需在图元上双击，在弹出的图元库属性对话框中更改选项即可。

3.26　外部对象工具（工具菜单\通用图形工具）

工具条：

选取该工具后，利用鼠标在编辑区插入外部对象。

具体操作：首先将鼠标移到所插入对象的起点处，然后按住左键拖动到终点，这时释放左键即可生成一个矩形区域，同时弹出插入对象对话框（见图2-27），从中可以选择对象类型和来源，并可进行相关设置。

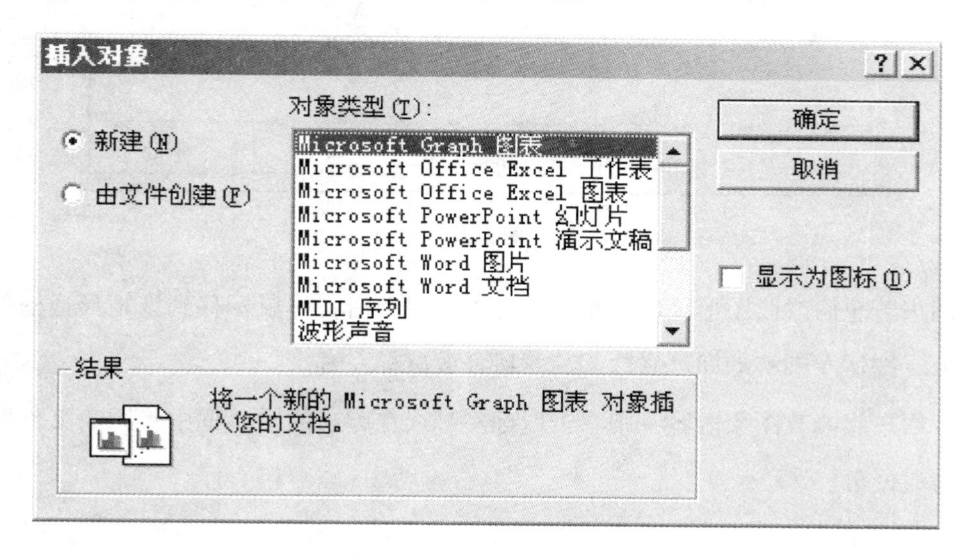

图 2-27

1. 对象类型：选择要插入的对象类型，为系统默认。
2. 显示为图标：将插入的对象只显示为图标。
3. 从文件创建：将对象的内容以文件的形式插入文档。
4. 结果：对所选对象类型进行说明。

3.27　图象工具（工具菜单\通用图形工具）

工具条：

选取该工具后，利用鼠标在编辑区插入图形。

具体操作：首先将鼠标移到所插入图形的起点处，然后按住左键拖动到终点，这时释放左键即可生成一个矩形区域来放置图形，同时弹出图象属性对话框（见图 2-28），在图象文件对话框中输入图象路径，或者通过浏览直接选择。

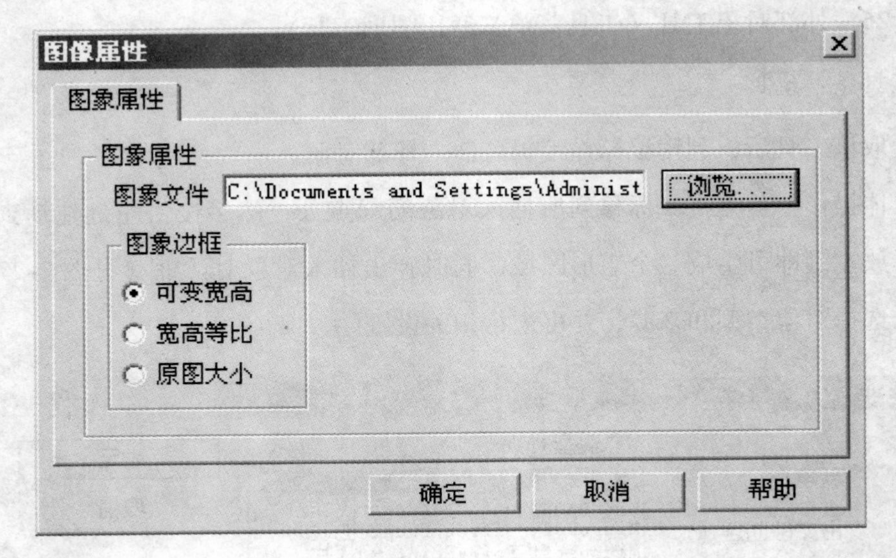

图 2-28

用户若想修改此图形区域大小，在选中该对象后，将鼠标移到该矩形边框的控制点上，按住左键移动即可修改，满意后释放鼠标左键。

若用户想修改图象内容，则双击鼠标左键，在弹出的对话框中将图象文件路径进行修改便可。

1. 可变宽高：选择此项，在编辑图象时可以任意改变宽高比例。

2. 宽高等比：选择此项，编辑的图象只能按宽高等比进行缩放。

3. 原图大小：选择此项，嵌入的图象将按原图大小显示。

4. 以上三项只能任选其一。

4 通用对象条

如图 2-29 所示。

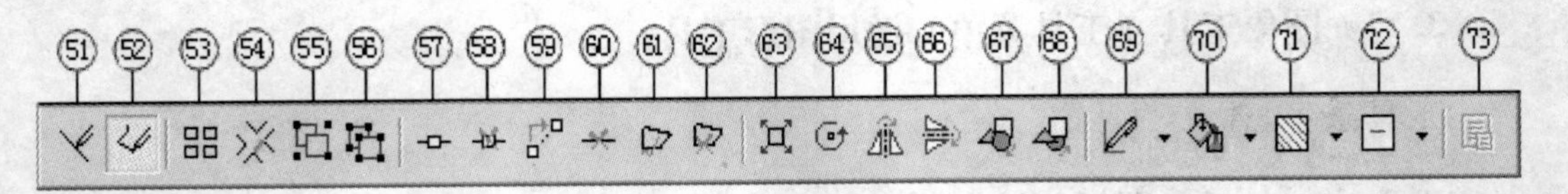

图 2-29

4.1 指定角度线（设置菜单）

工具条： 快捷键：X

选择该命令可以使鼠标控制的控制点在规定的角度内移动，如水平、竖直、30°、45°、60°等。

4.2 自由画线（设置菜单）

工具条： 快捷键：F

该命令可使鼠标控制的控制点在编辑区内自由移动（系统默认此选项）。

4.3 阵列（设置菜单）

工具条：

共有三种阵列方式：矩形阵列、圆形阵列、在对象上作阵列，如图 2-30 所示。

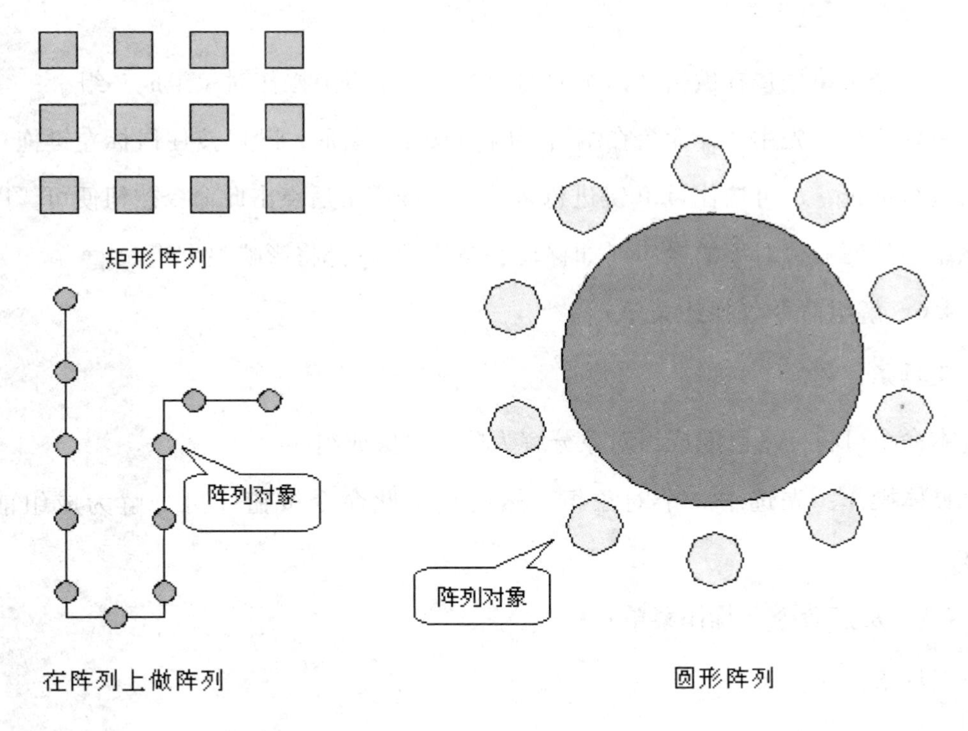

图 2-30

4.4 平行线打通

平行线打通功能是指如下情况：

1. 一条平行线内部有两条以上的直线相交；

2. 两条平行线相交；

可以将相交部分的线段删除。

操作方法：

1. 选择有直线相交的一条或多条平行线；

2. 点击“操作”菜单中的“平行线打通”项或点击按钮，将弹出一对话框；

3. 将鼠标置于要删除的线段处，当直线变红时点击鼠标左键，该线段将被删除；

4. 点击“确认”按钮，回到平面图。

4.5 成组命令（操作菜单）

工具条：

本命令可将用户在编辑区内选取的两个或两个以上操作对象组成一组。

具体操作：先用选择命令在编辑区内选取若干图形，既可按住鼠标左键拖拉出虚框进行框选，也可按住 shift 键进行多选。选择完毕后点击此命令按钮便可。以后对该组内任何一个对象的操作（如移动、缩放等），都将影响整个组。

4.6 解组命令（操作菜单）

工具条：

本命令可将一个已经成组对象分解为单个对象或组。

具体操作：先选中一个对象组，然后点击此命令按钮即可分解为成组前的状态。

4.7 加点命令（操作菜单）

工具条：

本命令用于在图形上添加一个捕捉点。

具体操作：选中加点命令，将鼠标放到已选中图形需要加点的位置，当鼠标变成状时，单击左键即可。

★ 注：在工具条上双击可以连续加点。

4.8 删点命令（操作菜单）

工具条：

本命令用于在图形上删除一个捕捉点。

具体操作为：选中删点命令，将鼠标放到已选中图形需要删点的位置，当鼠标变成状时，单击左键即可。

★ 注：在工具条上双击可以连续删点。

4.9 连线命令（操作菜单）

工具条：

本命令可将两条相同属性的线连接为一体。

具体操作：选中第一条需要连接的线后使用连线命令，当鼠标放到该线需连线点上时会变成状，这时点一下左键后会出现一条细线随鼠标移动，而此时鼠标将变成状，然后再将鼠标放到另一条需要连线的连接点处，当鼠标再变成状时点一下左键即可完成连接。

4.10 分割命令（操作菜单）

工具条：

本命令可将一条线分割成相同属性的两条线。

具体操作：选中需要断开的线后使用分割命令，当鼠标放到该线需要断开的线段上时会变成状，这时点一下左键即可将线分成两段。

4.11 封闭命令（操作菜单）

工具条：

本命令可将所绘折线封闭成一个多边形，封闭后的图形即按多边形进行处理。

4.12 拆分命令（操作菜单）

工具条：

本命令可将所绘多边形按照图形控制点拆分成几段，拆分后的图形按折线进行处理。

4.13 缩放命令（操作菜单）

工具条：

本命令可将所选图形适时缩放。

具体操作：选定一个图形后点击缩放命令，鼠标会变成状，按住鼠标左键移动鼠标，离控制点越远图形越大；相反，离控制点越近图形越小。

4.14 旋转命令（操作菜单）

工具条：

本命令可将所选图形任意角度的旋转。

具体操作：选定一个图形后点击旋转命令，鼠标会变成状，按住左键移动鼠标，图形将围绕控制点任意角度转动，满意后松开左键。

4.15 水平翻转命令（操作菜单）

工具条：

本命令可将所选图形绕垂直中心轴翻转 180°，如图 2-31 所示。

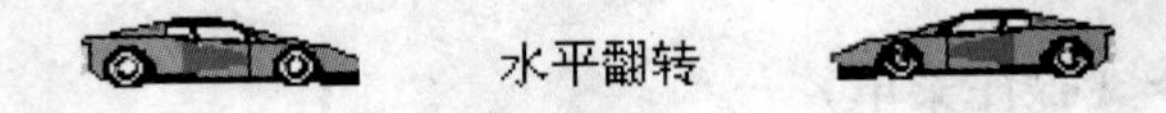

图 2-31

具体操作：选中一操作对象后，点击此命令按钮即可。若再按一次，图形将回到初始状态。

4.16 垂直翻转命令（操作菜单）

工具条：

本命令可将所选图形绕水平中心轴翻转 180°，如图 2-32 所示。

图 2-32

具体操作：选中一操作对象后，点击此命令按钮即可。若再按一次，图形将回到初始状态。

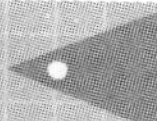

4.17　移到最前命令（操作菜单）

工具条：

本命令可将操作对象移到相互重叠的所有其他对象之前显示。

具体操作：当在编辑区的同一位置有多个对象相互重叠时，用户可选取要操作的对象，通过此命令将要操作的对象移动到其他对象的前面显示。若用户操作对象和其他对象位置不发生重叠，则可不必选择此命令。

4.18　移到最后命令（操作菜单）

工具条：

本命令可将操作对象移到相互重叠的所有其他对象之后显示。

具体操作：当在编辑区的同一位置有多个对象相互重叠时，用户可选取要操作的对象，通过此命令将要操作的对象移动到其他对象的后面显示。若用户操作对象和其他对象位置不发生重叠，则可不必选择此命令。

4.19　对象边线颜色命令（设置菜单）

工具条：

本命令可设置对象边线的颜色。

具体操作：当选取操作对象后，点击该按钮旁边的小三角，会出现一调色板对话框（见图2-33），这时通过鼠标点取对话框内提供的颜色色块来确定对象边线的颜色。

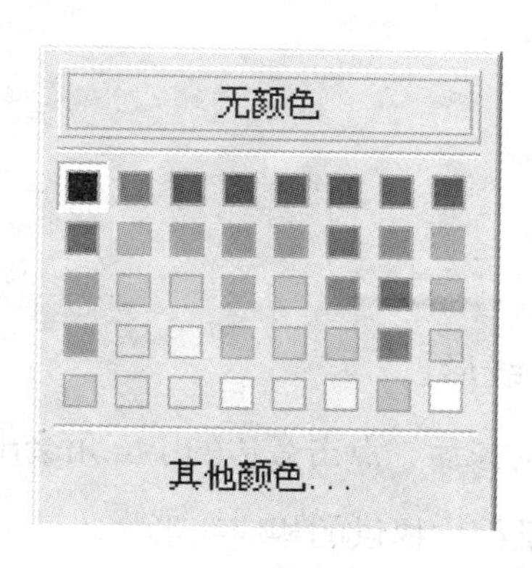

图2-33

另外，还可通过其他颜色来自定义调色板以外的颜色类型。

★ 注：系统默认对象边线颜色为黑色。

4.20 对象填充色命令（设置菜单）

工具条：

本命令设置封闭图形的填充色。

具体操作：当选取操作对象后（必须封闭），点取旁边的小三角会出现一对话框（见图2-34），这时鼠标通过点取对话框内的颜色来确定对象填充的颜色。

另外，还可通过其他颜色来自定义调色板以外的颜色类型。

4.21 填充图案命令

工具条：

本命令设置对象的填充图案。

具体操作：当选取操作对象后，点击旁边的小三角出现一个对话框（见图2-35），这时用户可通过鼠标选取对话框内提供的不同图案。

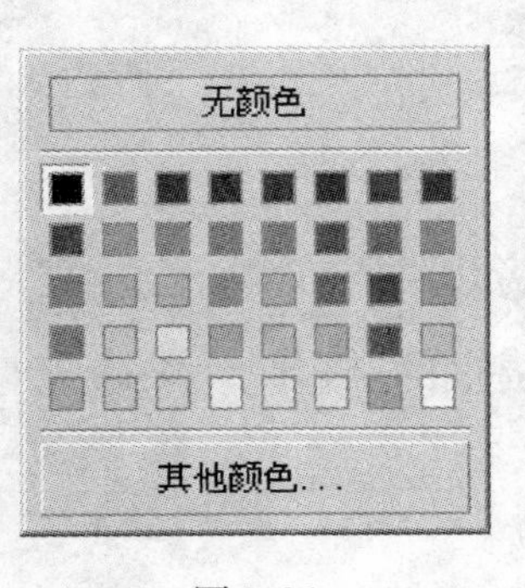

图2-34

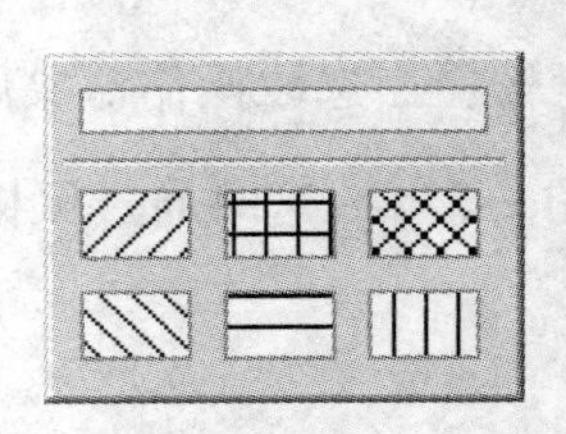

图2-35

4.22 线型命令

工具条：

本命令设置对象的边线线形。

具体操作：当选取操作对象后，点击旁边的小三角会出现一个对话框（见图2-36），这时用户可通过鼠标选取对话框内提供的相应线形。

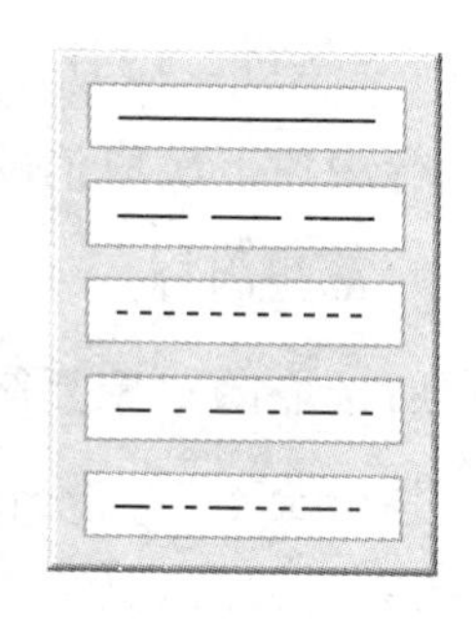

图 2-36

★ 注：系统默认线形为直线。

4.23 发送短消息

本版块无此功能

5 菜单说明

5.1 文件菜单命令

在文件菜单中提供了如下命令：

新文件	创建一个新的施工平面图文档。
打开	打开一个已存在的施工平面图文档。
关闭	关闭一个已打开的施工平面图文档。
保存	原名存储施工平面图文档。
保存为	换名存储施工平面图文档。
存为其他格式文件	将平面图文件转化成 EMF 文件或 BMP 文件。
打印	打印施工平面图。
打印预览	预览待打印的施工平面图。
页面设置	选择打印机并进行连接设置。
最近打开的文档	近期打开过的平面图文件。
退出	退出该系统。

5.2 编辑菜单命令

在编辑菜单中提供了如下命令：

撤销　　取消用户所发出的最后一次命令。参见主窗工具条中

“撤销命令”部分内容。

重做　　重新执行用户上次取消的命令。参见主窗工具条中“重做命令”部分内容。

复制　　将用户所选取的对象复制到粘贴缓冲区。参见主窗工具条中“拷贝命令”部分内容。

粘贴　　将粘贴缓冲区的内容复制到当前编辑区光标所在处。参见主窗工具条中“粘贴命令”部分内容。

剪切　　将用户所选取的对象从当前编辑区删除，放入到粘贴缓冲区。参见主窗工具条中“剪切命令”部分内容。

删除　　将用户所选取的对象从当前编辑区删除。

全选　　可一次将当前编辑区的所有对象都选中。参见主窗口工具条中“捕获网格线”部分内容。

插入新对象　　可插入一个新对象，该对象可选择新建（新建的对象可选择多种类型），也可由已存在的文件提供。参见专业对象条中“图象工具”部分内容。

对象属性　　可设置所选取对象的对象属性。

连接　　（略）

对象　　（略）

特殊粘贴　　（略）

存为 EMF 文件　　将选择的对象存为 EMF 文件。

加入图元库　　将选择的对象存入图元库。

5.3　工具菜单命令

在对象菜单中提供了以下命令：

选择工具　　选取“选择”工具进行编辑。参见通用工具条中 3.1 部分内容。

通用图形工具　　（略）

折线　　选取“折线”工具进行编辑，可创建折线对象。参见通

	用工具条中“绘制折线”部分内容。
矩形	选取“矩形”工具进行编辑，可创建矩形对象。参见通用工具条中“矩形工具”部分内容。
椭圆	选取“椭圆”工具进行编辑，可创建椭圆对象。参见通用工具条中“椭圆工具”部分内容。
圆角矩形	选取“圆角矩形”工具进行编辑，可创建直线对象。参见通用工具条中“圆角矩形工具”部分内容。
正多边形	选取“正多边形”工具进行编辑，可创建正多边形对象。参见通用工具条中“正多边形工具”部分内容。
菱形	选取“菱形”工具进行编辑，可创建菱形对象。参见通用工具条“菱形工具”部分内容。
饼形	选取“饼形”工具进行编辑，可创建饼形对象。参见通用工具条“饼形工具”部分内容。
扇形	选取“扇形”工具进行编辑，可创建扇形对象。参见通用工具条中“扇形工具”部分内容。
圆弧	选取“圆弧”工具进行编辑，可创建圆弧对象。参见通用工具条中“圆弧工具”部分内容。
曲线	选取“曲线”工具进行编辑，可创建曲线对象。参见通用工具条中“曲线工具”部分内容。
多边形	选取“多边形”工具进行编辑，可创建多边形对象。参见通用工具条中“多边形工具”部分内容。
轴线	选取“轴线”工具进行编辑，可创建轴线对象。参见通用工具条中“轴线工具”部分内容。
设置多边形边数	（略）
专业图形工具	（略）
手绘线	（略）
平行线	（略）

组合线	选取“复杂线”工具进行编辑，可创建复杂线对象。参见专业对象条中“组合线工具”部分内容。
标距线	（略）
文本	选取“文本”工具进行编辑，可创建文本对象。
斜文本	选取“斜文本”工具进行编辑，可创建斜文本对象。
图例	选取“图例”工具进行编辑，可创建图例对象。参见专业对象条中“图例工具”部分内容。
题栏	选取“题栏”工具进行编辑，可创建题栏对象。参见专业对象条中“题栏工具”部分内容。
铁路线	选取“铁路线”工具进行编辑，可创建铁路线对象。参见专业对象条中“铁路线工具”部分内容。
字线	选取“字线”工具进行编辑，可创建字线对象。参见专业对象条中“字线工具”部分内容。
塔吊	选取“塔吊”工具进行编辑，可创建塔吊对象。参见专业对象条中“塔吊工具”部分内容。
库	选取“库”工具进行编辑，可从图元库中选取图元对象。参见专业对象条中“库工具”部分内容。
OLE 对象	选取“OLE 对象”工具进行编辑，可创建嵌入外部对象。参见专业对象条中“外部对象工具”部分内容。
图象	选取“图象”工具进行编辑，可创建图象对象。参见专业对象条中“图象工具”部分内容。
文本虚线框	显示或隐藏文本虚线框。参见工具条中“文本虚线框”部分内容。
辅助作图工具	（略）
显示网格线	（略）
捕获网格线	（略）
捕获辅助线	（略）

捕获对象控制点　　（略）

视图显示居中　　是否采用视图居中。参见工具条中“视图居中显示命令”部分内容。

5.4 操作菜单命令

在操作菜单中提供了以下命令：

加点　　在图形上添加一个捕捉点。参见主窗口工具条中“加点命令”部分内容。

删点　　在图形上删除一个捕捉点。参见主窗口工具条中“删点命令”部分内容。

连线　　将两条同属性的线连接成一条。参见主窗口工具条中“连线命令”部分内容。

分割　　将一条线分割成同属性的两条。参见主窗口工具条中“分割命令”部分内容。

封闭　　将选中的折线封闭后作为一个多边形进行处理。参见主窗口工具条中“封闭命令”部分内容。

拆分　　将选中的多边形拆分后作为一条折线进行处理。参见主窗口工具条中“拆分命令”部分内容。

缩放　　将选中的图形适时缩放。参见主窗口工具条中“缩放命令”部分内容。

旋转　　将选中的图形任意旋转。参见主窗口工具条中“旋转命令”部分内容。

水平翻转　　图形水平翻转180°。参见主窗口工具条中“水平翻转命令”部分内容。

垂直翻转　　图形垂直翻转180°。参见主窗口工具条中“垂直翻转命令”部分内容。

移到最前　　将所选对象移到具有重叠位置的最前端显示。参见主窗口工具条中“移到最前命令”部分内容。

移到最后　　将所选对象移到具有重叠位置的最后端显示。参见主窗工具条中“移到最后命令”部分内容。

向前移　　将所选对象向具有重叠位置的其他对象前面移动。

向后移　　将所选对象向具有重叠位置的其他对象后面移动。

阵列　　（略）

平行线打通　　（略）

成组　　可将多个对象组成为一组进行处理。参见主窗工具条中“成组命令”部分内容。

解组　　可将成组的对象分解开。参见主窗工具条中“解组命令”部分内容。

可移动/固定　　选择物体所处状态。

用图案填充

5.5　显示菜单命令

在显示菜单中提供了如下命令：

界面工具　　（略）

工具条　　显示或隐藏工具条。

图纸设置条　　显示或隐藏图纸设置条。

状态条　　显示或隐藏状态条。

通用对象条　　显示或隐藏通用对象条。

专业对象条　　显示或隐藏专业对象条。

对象修改条　　显示或隐藏对象修改条。

绘图标尺　　显示或隐藏绘图标尺。

图层/整图窗口　　显示或隐藏显示整图视窗。

对象属性窗口　　显示或隐藏对象层管理窗口。

输出窗口　　（略）

比例显示　　通过下拉框选择屏幕的显示比例。

刷新屏幕　　当屏幕绘图区有垃圾出现时，用此命令刷新。

5.6　设置菜单命令

在设置菜单中提供了如下命令：

对象边线颜色	设置对象边线颜色。参见通用对象条中“对象边线颜色命令”部分内容。
对象填充色	设置对象填充色。参见通用对象条中“对象填充色命令”部分内容。
图纸背景色	设置图纸背景色。
自由画线	恢复自由画线。
限画指定角度线	限定画线的角度。
图纸属性	设置图纸大小等相关参数。
图元库管理	增加、删除和修改图元和图元库。

5.7　协作

建立服务器	建立服务。
终止服务器	停止服务。
连接服务器	客户端连接已经建好的服务。
终止客户端	客户端终止连接。

5.8　窗口菜单命令

在窗口菜单提供了如下命令：

新窗口	复制一个和当前窗口一模一样的窗口。
层叠	将打开的多个窗口按层叠的顺序排列。
平铺	将打开的多个窗口在编辑区按相同大小展开。
排列图标	将所有最小化的窗口图标按顺序排列。

5.9　助菜单命令

帮助菜单提供的命令将辅助你使用该系统：

帮助主题	提供关于本系统的帮助标题索引。
关于 Site	显示本系统的版本和版权等信息。

第3单元　协作

1　如何建立连接

1.1　单击协作“建立服务器”此时会弹出“服务器创建向导”，如图2-37所示。

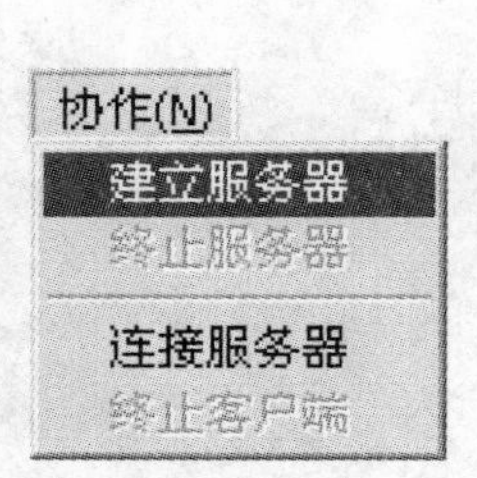

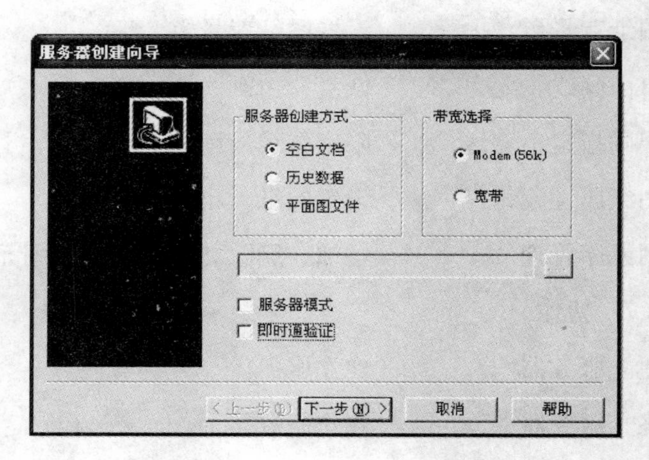

图2-37

服务器创建方式：

1. 空白文档：新建；

2. 历史数据：是原先在协同里保存过的（＊.rec）格式文件调用；

3. 平面图文件：是存过的（＊.sit）文件格式调用。

带宽选择：上网方式的选择，流量快慢的选择。

1. Modem（56K）

2. 宽带

服务器模式：

1. 如果您勾上服务器，您既是客户端也是服务器；

2. 如果您不勾上服务器，本机只作为服务器不可以协同工作。

即时通：如果您购买了我们公司的平台，就可以通过即时通加以认证。

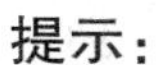

提示：

1. 如局域网内协同可以通过局域网相互合作。

2. 如远程协同，一人在局域网内，另一人在外网，此时服务器必须架接在公网上，也就是说必须架接在要有公网 IP 的机子上才可相互合作。

3. 即时通只可以在同一网段才能够互相合作，不可以中转。

1.2　当一切都选好单击“下一步”，此时会弹出如下窗口，如图 2-38 所示。

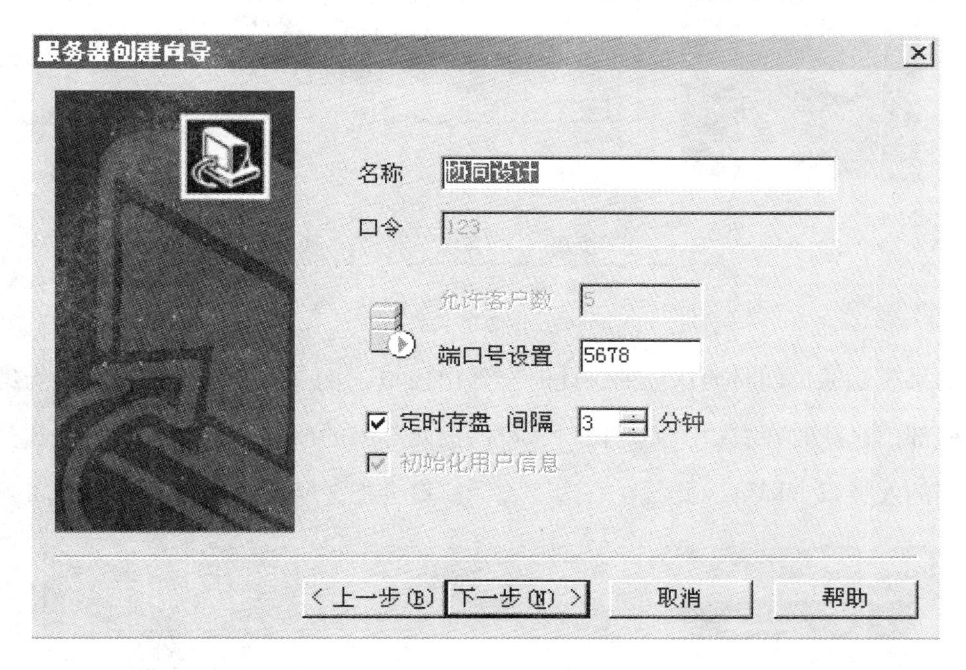

图 2-38

名称：输入协同的工作名称。

口令：防止其他不必要的人员观看或操作。

允许客户数：需要多少人来协同。

端口号设置：如果您在防火墙内必须打开此端口，端口可预设。

定时存盘：防止意外以免造成不必要的数据丢失，我们提供定时存盘。

初始化信息：调用用户数据库。当您以前用过协同修改过客户名称时，系统会保存此信息，如果您勾上将调用原始用户数据库。

1.3　当您一切都选好单击“下一步”，此时会弹出如下窗口，如图 2-39 所示。

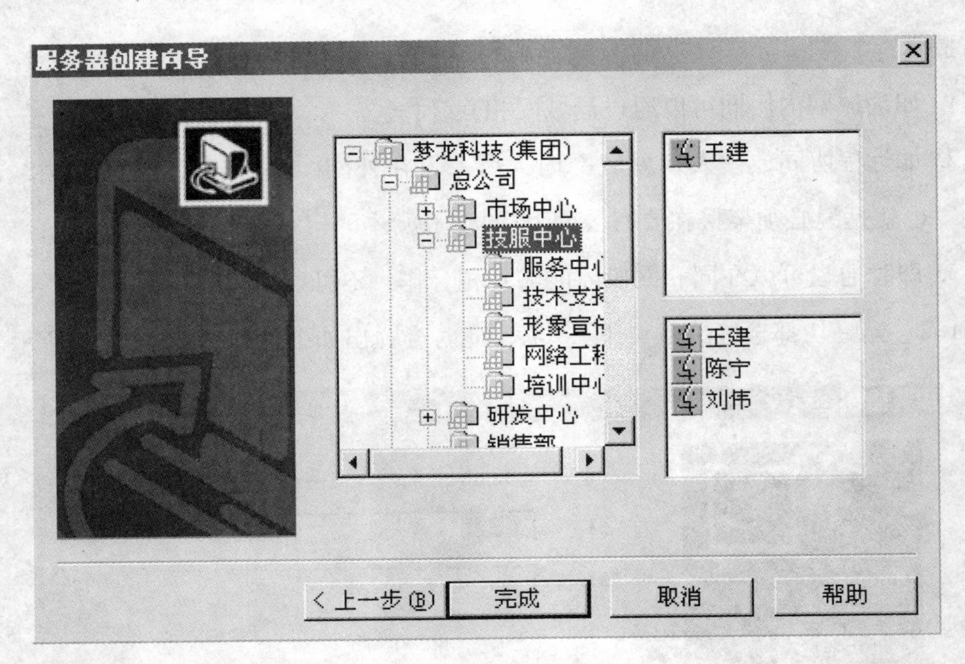

图 2-39

如果您是通过即时通认证的，此时会弹出窗口（图 2-40），左边的窗口为结构树单机部门，此时在右边上方的窗口，可以把此部门的所有人员列出，当您找到所要协同的人员双击即可，此时在右边下方的窗口会把您所要协同的人员列出。

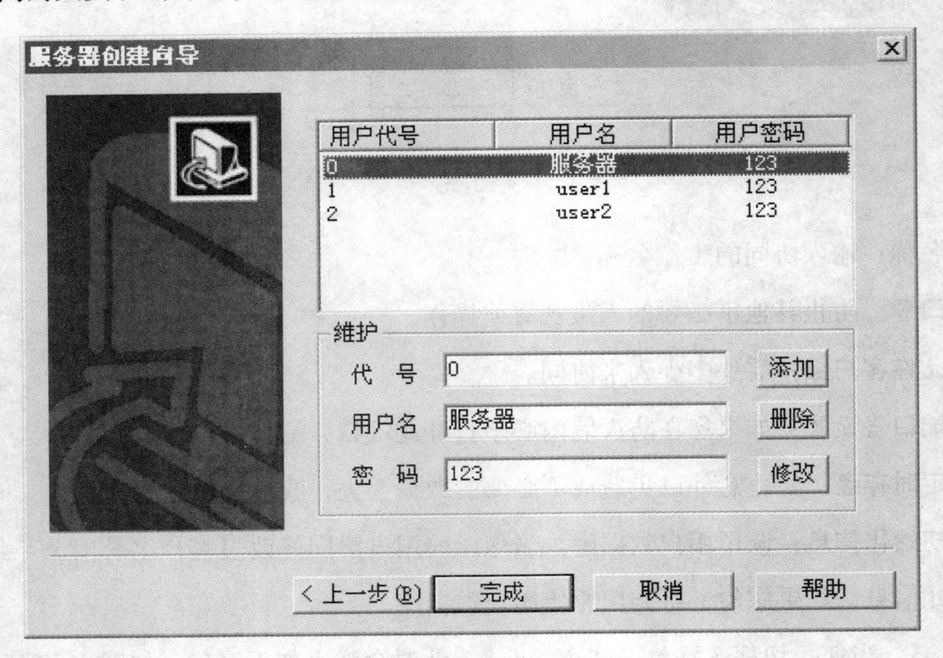

图 2-40

不论您是否在前面勾上服务器，此时都会弹出如上窗口（图2-40）。此窗口会将您所允许的多少个客户端列出。点击任何一个客户端口可修改代号、用户名、密码，也可删除任何一个客户端。

1.4　当您一切都选好单击【完成】，此时会弹出如下窗口，如图2-41所示。

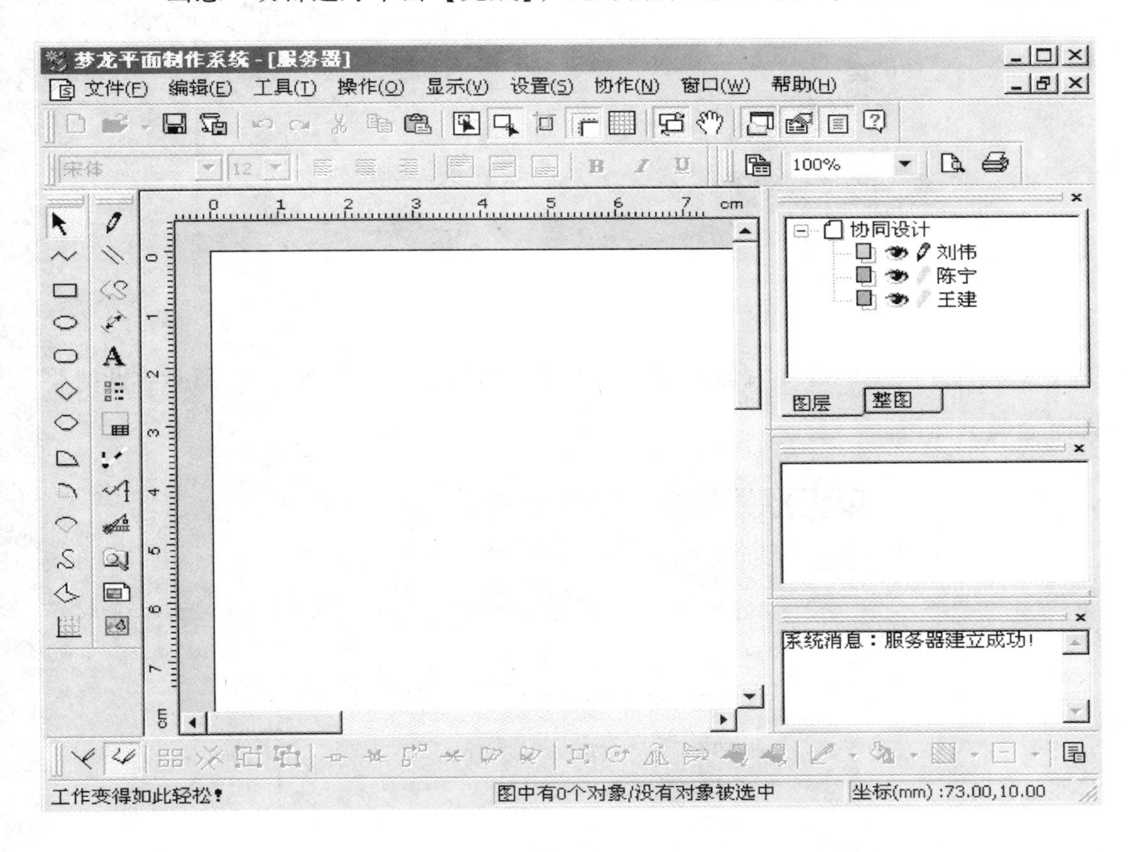

图2-41

此时您就可以相互协作了。

单击右下角此按钮 发送短消息，可以进行相互文字对话。

2　如何连接服务器

2.1　单击协作中的“连接服务器”此时将会弹出如下窗口，如图2-42所示。

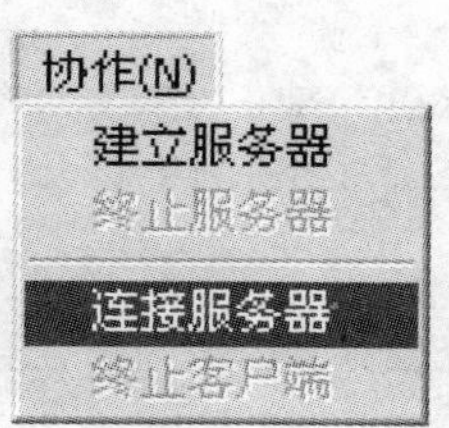

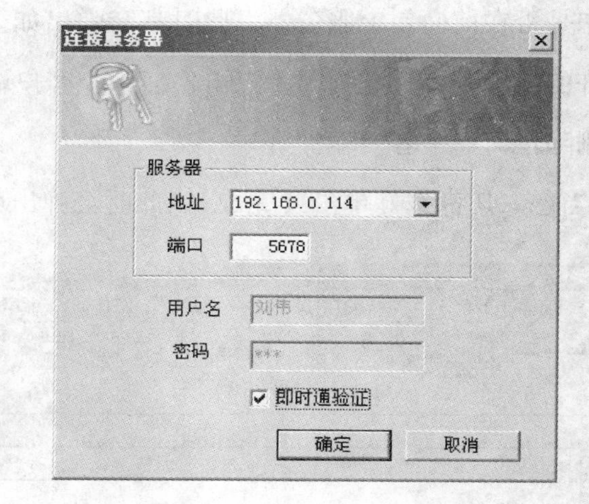

图 2-42

如果服务器是通过即时通验证身份的话，将弹出窗口如图 2-43 所示。此时将即时通勾上即可。

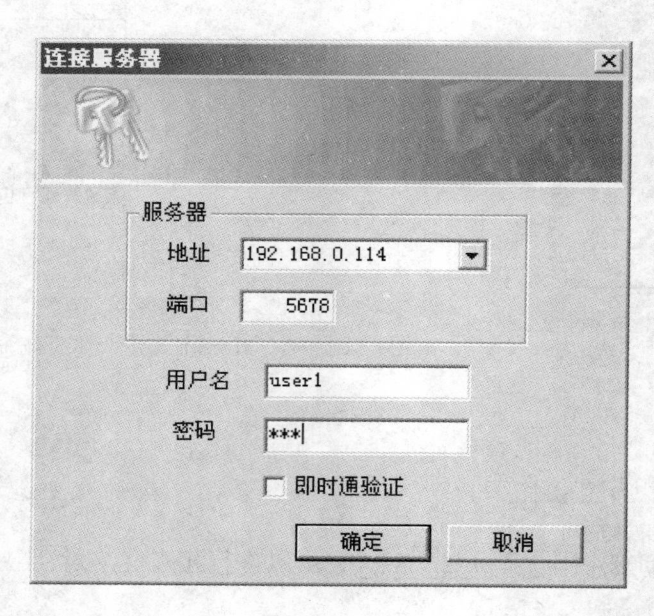

图 2-43

如果建的是服务器，将弹出窗口如图 2-44 所示，此时请正确输入用户名和密码。

2.2　当您设置好后点击“确定”，将会看到软件的右下角窗口，如图 2-44 所示。

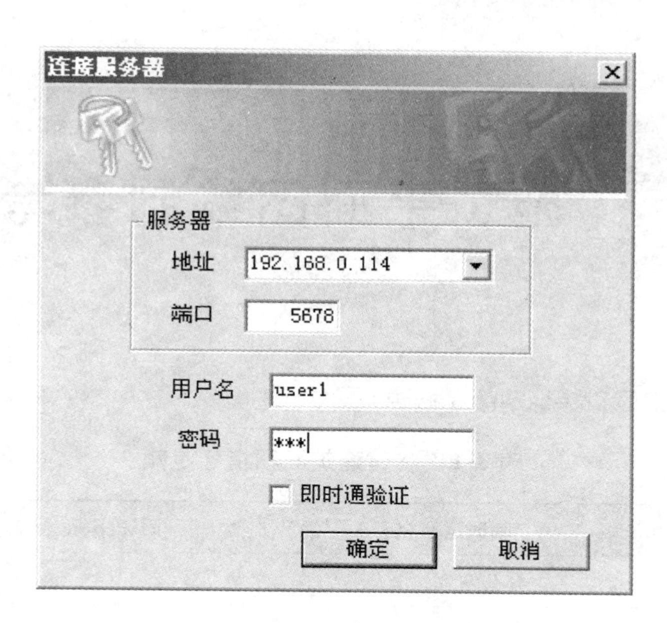

图 2-44

第3章 施工平面图编制参考资料

1 临建建筑面积指标定额（摘要）

表3-1 临建建筑面积指标定额

序号	临时房屋名称	面积指标	备注
1	办公室（m^2/人）	3～4	
2	双层床（m^2/人）	2.0～2.5	
3	单层床（m^2/人）	3.5～4	
4	食堂（m^2/人）	0.5～0.8	
5	厕所（m^2/人）	0.02～0.07	
6	淋浴间（m^2/人）	0.07～1	

2 工地临时道路

工地临时道路可按简易公路进行修筑，有关技术指标可参见表3-2所示。

表3-2 简易公路技术要求表

指标名称	单位	技术指标
设计车速	km/h	≤20
路基宽度	m	双车道6～6.5；单车道4.4～5；困难地段3.5
路面宽度	m	双车道5～5.5；单车道3～3.5
平面曲线最小半径	m	平原、丘陵地区20；山区15；回头弯道12
最大纵坡	%	平原地区6；丘陵地区8；山区9
纵坡最短长度	m	平原地区100；山区50
桥面宽度	m	木桥4～4.5
桥涵载重等级	t	木桥涵7.8～10.4

3 各种型号塔吊使用参数

表 3-3 各种型号塔吊使用参数

型号 参数	QTZ40	QTZ63	QTZ80（5015）	QTZ125	QTZ160	
额定其中力矩	400	630	800	1250	1600	kN·m
最大起重量	4	6	6、8	8	10	ton
最大工作幅度	40、46.8、50	50、45	56			m
最大工作幅度处起重量				1.5	2.1	ton
工作幅度			45	60	60	m
独立式高度	29	40		50	59.5	m
起升速度 2 倍率				100 2t	0~100	m/min
起升速度 4 倍率				50 4t	0~50	m/min
附着式高度	120	140	180	163	201	m
起升速度	7、40、60	7、32、64	7、32、640~40、80			m/min
回转速度	0.37、0.73	0.4、0.6	0~0.6	0~0.6	0~0.6	r/min
角幅速度			8、27、540~42（8、27、54）			m/min
变幅速度	22、33	20、40		8.8、29.3、68.6	0~60	m/min
顶升速度		0.4				m/min
最大回转半径				62	65	m
尾部回转半径				17	17	m
结构自重（独立式）				48.8	75	ton
平衡重	5、6.5	12、11	15.55	14.5	22	ton
整机重（独立式）				63.3	97	ton
最大工作风速				20	20	m/s
顶升操作风速				<13	<13	m/s
塔机自重	23.5、26.16	42.3	61.95			ton
电源	308~50	380~50	380~50	380~50	380~50	V~Hz
工作温度	-20~40	-12~40	-20~40	-20~40	-20~40	℃

1. QTZ63 型塔式起重机

QTZ63 型塔式起重机是水平臂架，小车变幅，上回转自升式塔式起重机，具有固定、附着、内爬等多种功能。独立式起升高度为41m，附着式起升高度达101m，可满足32层以下的高层建筑施工。该机最大起重臂长为48m，额定起重力矩为617kN·m（63t·m），最大额定起重量为6t，作业范围大，工作效率高。如图3-1所示为QTZ63型塔式起重机的外形结构和起重特性。

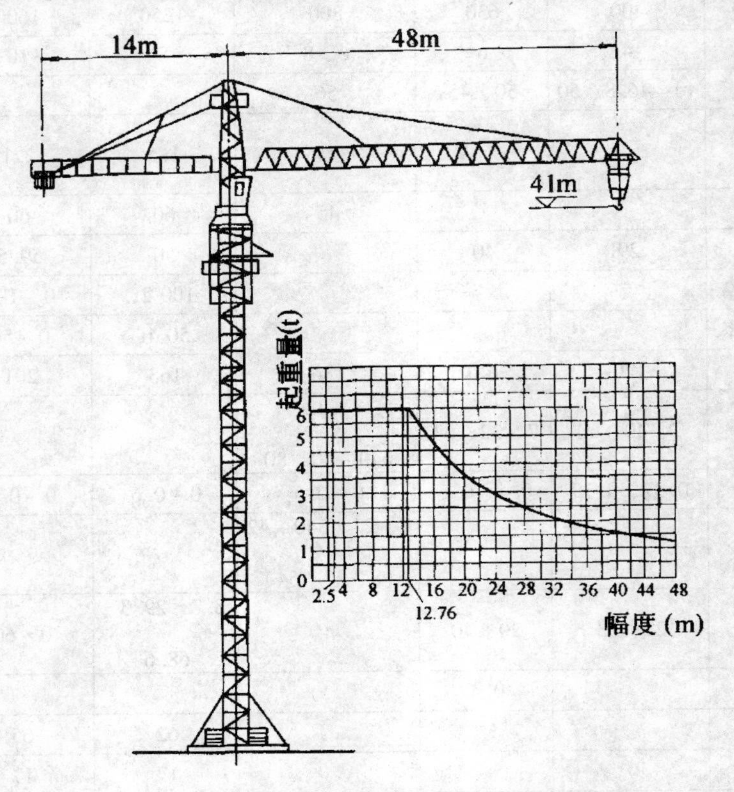

图3-1　QTZ63型塔式起重机的外形结构和起重特性

2. QT80型塔式起重机

QT80型是一种轨行、上回转自升塔式起重机，目前，生产厂家很多，在建筑施工中使用比较广泛。现以QT80A型为例，将其外形结构和起重特性示于图3-2中。

3. QTZ100型塔式起重机

QTZ100型塔式起重机具有固定、附着、内爬等多种使用形式，独立式起升高度为50m，附着式起升高度为120m，采取可靠的附着措施可使起升高度达到180m。该塔机基本臂长为54m，额定起重力矩为1000kN·m（约100t·m），最大额定起重量为8t；加长臂为60m，可吊1.2t，可以满足超高层建筑施工的需要。其外形如

图 3-3 所示，起重性能见表 3-4。

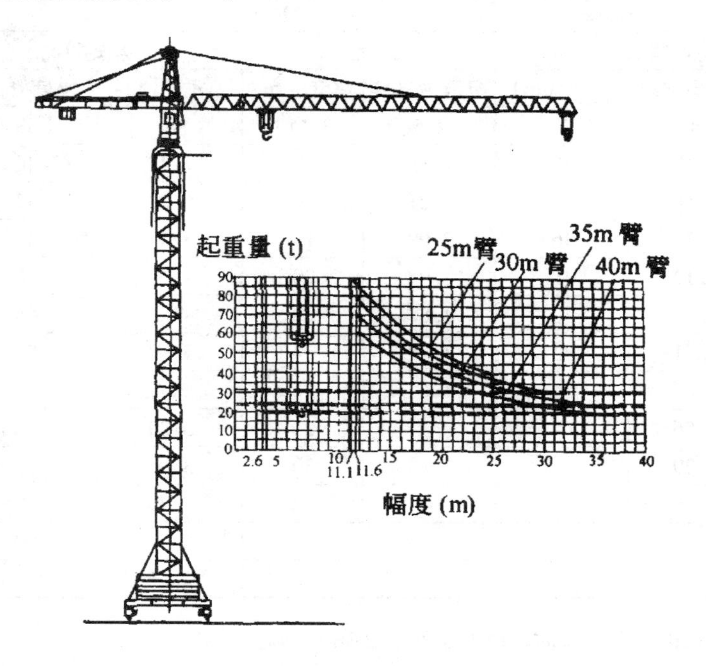

图 3-2　QT80A 型塔式起重机的外形结构和起重特性

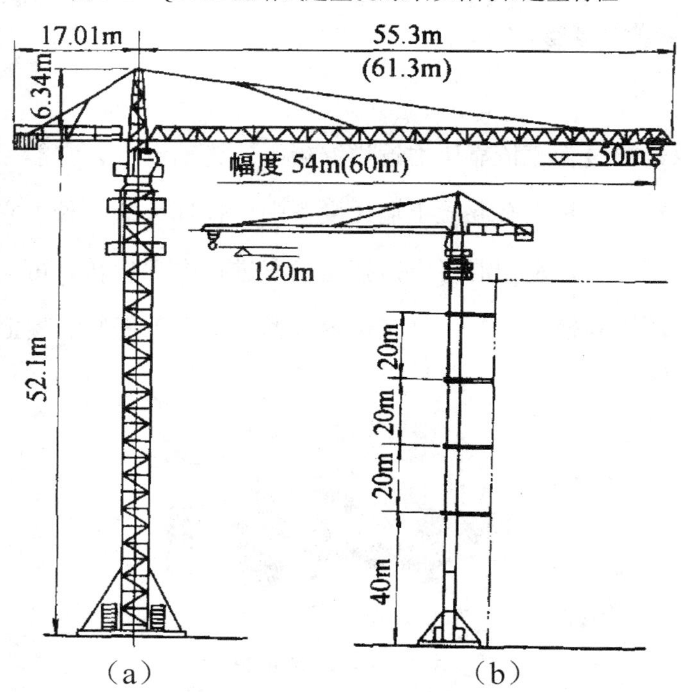

图 3-3　QTZ100 型塔式起重机的外形

（a）独立式；（b）附着式（120m）

表 3-4 QTZ100 型塔式起重机的起重特性

臂长 54m				臂长 60m			
幅度（m）	起重量（t）	幅度（m）	起重量（t）	幅度（m）	起重量（t）	幅度（m）	起重量（t）
3～15	8	40	2.5	3～13	8	38	2.25
16	7.4	42	2.35	14.	7.47	40	2.10
18	6.46	44	2.21	16	6.39	42	1.97
20	5.72	46	2.09	18	5.57	44	1.86
22	5.12	48	1.98	20	4.92	46	1.75
24	4.63	50	1.87	22	4.4	48	1.65
26	4.21	52	1.78	24	3.97	50	1.56
28	3.86	54	1.69	26	3.6	52	1.48
30	3.56			28	3.29	54	1.40
32	3.29			30	3.02	56	1.33
34	3.06			32	2.79	58	1.26
36	2.85			34	2.59	60	1.20
38	2.66			36	2.41		

注：起升滑车组倍率 $a=2$ 时，最大起重量为 4t。

4 混凝土泵相关参数

简介

混凝土地泵是通过管道依靠压力输送混凝土的施工设备，它能一次连续地完成水平输送和垂直输送，是现有混凝土输送设备中比较理想的一种，它将预拌混凝土生产与泵送施工相结合，利用混凝土搅拌运输车进行中间运转，可实现混凝土的连续泵送和浇筑，用于高楼、高速、立交桥等大型混凝土工程的混凝土输送工作。

图 3-4 电机混凝土地泵

目前国内品牌：三一、中联、泵虎、科尼乐、楚天、博通、佳尔华、天地重工、众合力、鸿得利、海诺等。

特点：

- ◆ 流线型外观设计，新颖美观，布置合理，结构紧凑，机罩刚性大大提高；
- ◆ 油泵及阀组采用世界著名品牌德国力士乐，日本川崎，贵州力源，保证地泵高可靠性；
- ◆ 采用西门子电机，知名品牌，可靠性能保证，终身免费维护；
- ◆ 柴油机采用沃尔沃，道依茨，潍柴道依茨等高端品牌，性能可靠，动力强劲；
- ◆ S管采用高合金钢整体精密铸，经过三维优化设计的弧性料斗具有容积大，不积料等特点；
- ◆ 砼缸内表面镀铬0.25～0.28mm，耐磨性大大提高；
- ◆ 采用大缸径，长行程主油缸，确保施工距离最高，更远；
- ◆ 本产品采用双泵、双回路开式液压系统，使系统简单，元件寿命延长，可靠性更高，并便于故障判断和排除；
- ◆ 眼镜板，切割环等磨损件，经过不断的技术攻关，使用寿命长；
- ◆ 博通混凝土泵电控系统的突出特点：技术先进，简单，可靠性高。全部电器元件均采用日本欧姆龙，三菱，西门子等品牌原装进口件；
- ◆ 料斗，S阀等关键受力元件的设计，采用SEAS计算程序对其受力状态、结构刚度、应力集中状况进行了细分网络的有限元计算，设计出的料斗，S阀结构刚度好，工艺性佳，避免了同类产品高层输送时料斗变形及S阀断轴现象；
- ◆ 充分考虑维修简便，优化设计。如：更换S管，不需要拆卸搅拌座，S管采用长短镀铬套等。

表3-5　HBT60主要技术参数

	项目	单位	参数值
混凝土泵送系统	理论最大输送量	m^3/h	55
	理论最大输出压力	MPa	6.7
	混凝土分配阀		斜置式闸板阀
	混凝土坍落度	mm	80～230
	输送缸缸径	mm	ϕ195
	主油缸行程	mm	1400
	主油缸缸径	mm	ϕ90
	料斗容积	L	450
	料斗上料高度	mm	1400

续表

动力系统	电机	额定功率	kW	55
		额定转速	r/min	1480
	电源	额定电压	V	380
		频率	Hz	50
清洗系统	清洗方式			水洗式
	水泵型式			往复活塞式
	水泵输出压力		MPa	5. 1
	水泵流量		L/min	125
	总质量		kg	5400
	液压油箱容积		L	340
	外型尺寸		mm	5920×1970×2150
附注：				
输送距离参考值计算公式		垂直高度（m）=理论输出压力（MPa）×（15~20）		
		水平距离（m）=垂直高度×4+100		

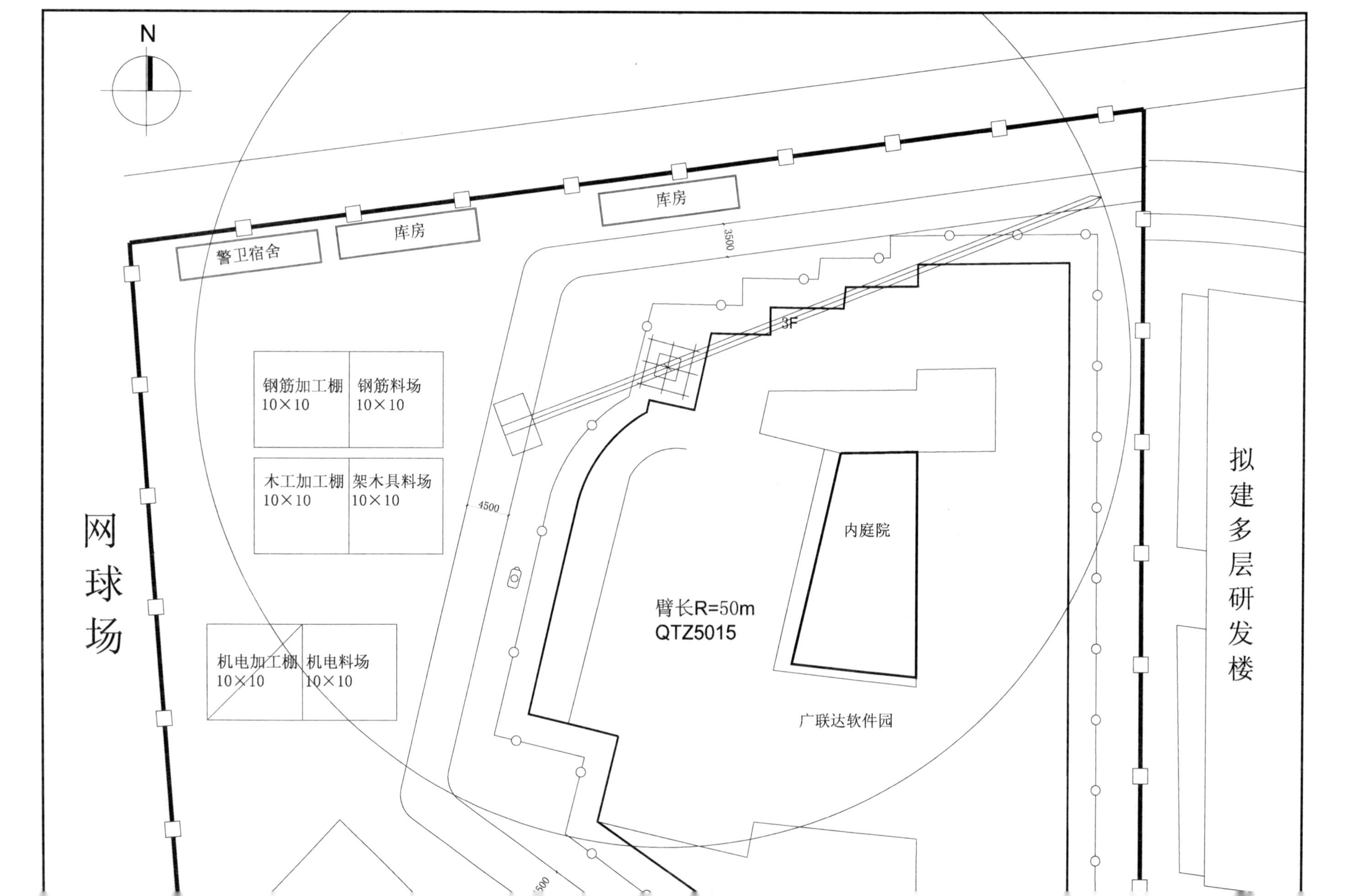
N
库房
库房
警卫宿舍
3500
3F
钢筋加工棚 10×10
钢筋料场 10×10
木工加工棚 10×10
架木具料场 10×10
4500
内庭院
网球场
臂长R=50m
QTZ5015
机电加工棚 10×10
机电料场 10×10
广联达软件园
拟建多层研发楼

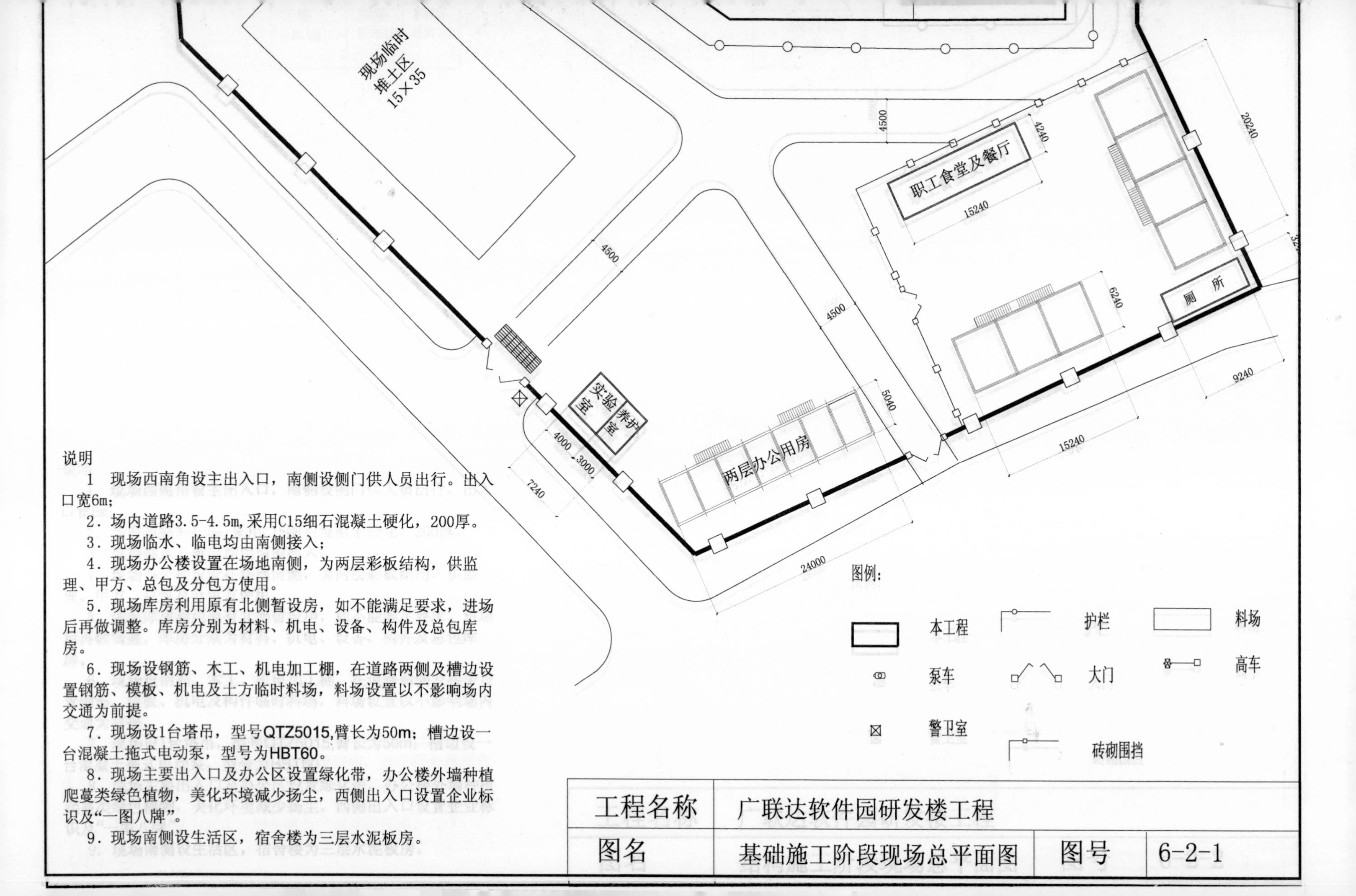

说明

1 现场西南角设主出入口，南侧设侧门供人员出行。出入口宽6m；

2．场内道路3.5-4.5m,采用C15细石混凝土硬化，200厚。

3．现场临水、临电均由南侧接入；

4．现场办公楼设置在场地南侧，为两层彩板结构，供监理、甲方、总包及分包方使用。

5．现场库房利用原有北侧暂设房，如不能满足要求，进场后再做调整。库房分别为材料、机电、设备、构件及总包库房。

6．现场设钢筋、木工、机电加工棚，在道路两侧及槽边设置钢筋、模板、机电及土方临时料场，料场设置以不影响场内交通为前提。

7．现场设1台塔吊，型号QTZ5015,臂长为50m；槽边设一台混凝土拖式电动泵，型号为HBT60。

8．现场主要出入口及办公区设置绿化带，办公楼外墙种植爬蔓类绿色植物，美化环境减少扬尘，西侧出入口设置企业标识及“一图八牌”。

9．现场南侧设生活区，宿舍楼为三层水泥板房。

工程名称	广联达软件园研发楼工程		
图名	基础施工阶段现场总平面图	图号	6-2-1

集水坑1:1000x1000x1250（深）其上钢格栅盖板需能承受小汽车荷载，
由甲方市场购置，盖板顶标高▽-4.550，底标高▽-5.800 共3个
窗井
3号楼梯
集水坑
汽车坡道
汽车库
-4.500
-4.520
2号楼梯
弱电室
-4.400
值班室
-4.400
物业用房
-4.500
消防水泵房
排风机房
集水坑
客梯
消防水池
-5.500
-6.200
水池池底及池壁防水做法见88J6-1
防水层为≥0.8厚水泥基渗透结晶型涂料封闭层
排水沟做法参见
地沟做法参见88J11
具体定位见结构图
台阶做法见88J9
台阶踏步高290
雨水口位置见水施-10
R10000
R6000
58600
23800
15519
9047
9000

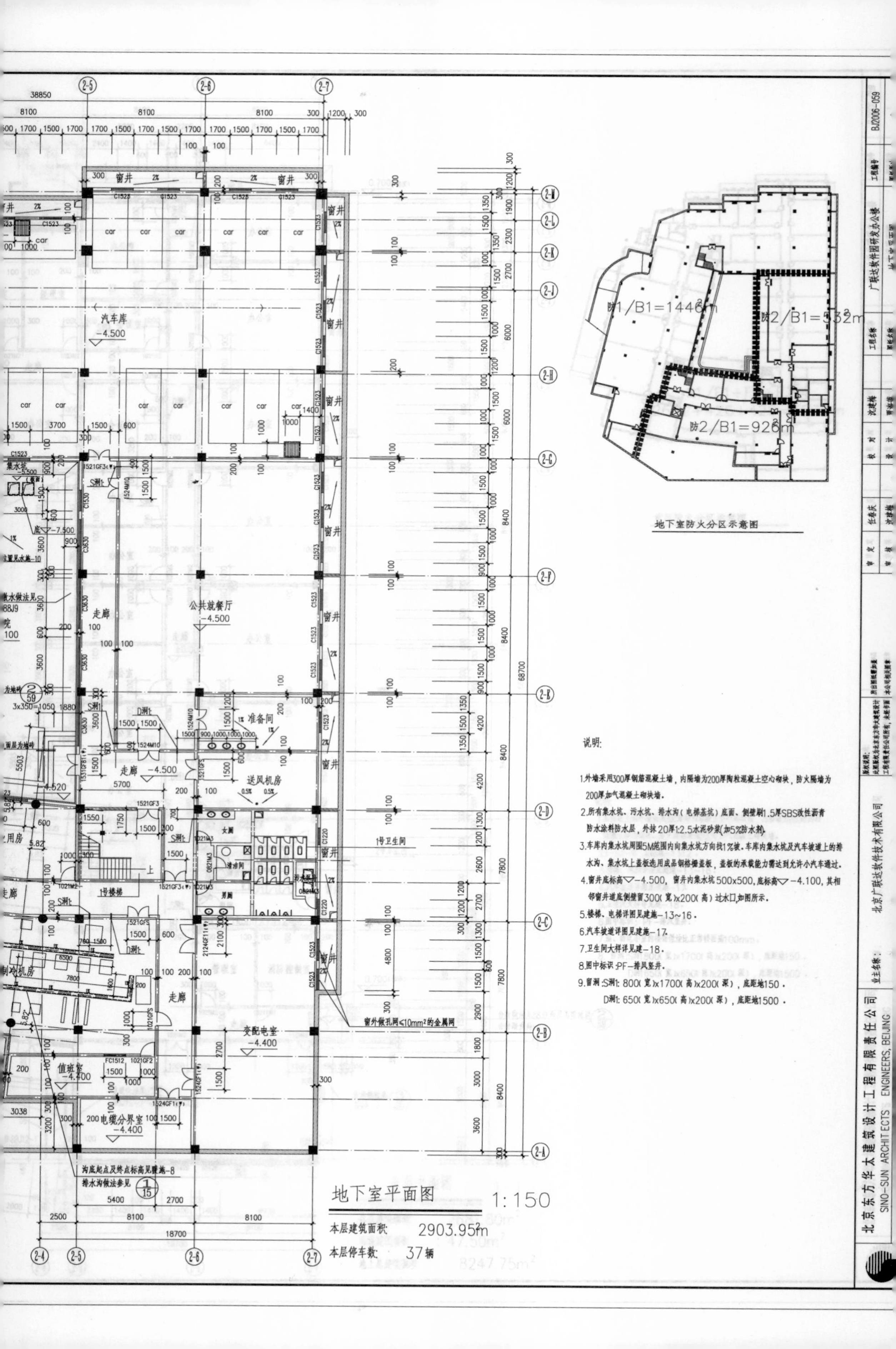

地下室防火分区示意图
防1/B1=1446m²
防2/B1=532m²
防2/B1=926m²
汽车库
-4.500
公共就餐厅
-4.500
走廊
准备间
送风机房
1号卫生间
1号楼梯
变配电室
-4.400
值班室
-4.400
电缆分界室
-4.400
制冷机房
窗井
窗外做孔洞≤10mm²的金属网
沟底起点及终点标高见暖施-8
排水沟做法参见
说明:
1.外墙采用300厚钢筋混凝土墙，内隔墙为200厚陶粒混凝土空心砌块，防火隔墙为200厚加气混凝土砌块墙.
2.所有集水坑、污水坑、排水沟(电梯基坑)底面、侧壁刷1.5厚SBS改性沥青防水涂料防水层，外抹20厚1:2.5水泥砂浆(加5%防水剂).
3.车库内集水坑周围5M范围内向集水坑方向找1%坡.车库内集水坑及汽车坡道上的排水沟、集水坑上盖板选用成品钢格栅盖板，盖板的承载能力需达到允许小汽车通过.
4.窗井底标高▽-4.500，窗井内集水坑500x500,底标高▽-4.100，其相邻窗井道底侧壁留300(宽)x200(高)过水口,如图所示.
5.楼梯、电梯详图见建施-13~16.
6.汽车坡道详图见建施-17.
7.卫生间大样详见建-18.
8.图中标识:PF—排风竖井.
9.留洞:S洞1: 800(宽)x1700(高)x200(深)，底距地150.
D洞1: 650(宽)x650(高)x200(深)，底距地1500.
地下室平面图 1:150
本层建筑面积: 2903.95m²
本层停车数: 37辆
北京东方华太建筑设计工程有限责任公司
SINO-SUN ARCHITECTS ENGINEERS, BEIJING
北京广联达软件技术有限公司
广联达软件园研发办公楼
BJ2006-059